KB126865

지구를 살리는 생태 감수성 수업

지구를 살리는 수업 5

지구를 살리는 생태 감수성 수업

2024년 8월 12일 1판 1쇄 펴냄

지은이 | 민성환
펴낸이 | 김철종

펴낸곳 | (주)한언
출판등록 | 1983년 9월 30일 제1-128호
주소 | 서울시 종로구 삼일대로 453(경운동) 2층
전화번호 | 02)701-6911 팩스번호 | 02)701-4449
전자우편 | haneon@haneon.com

ISBN 978-89-5596-967-2 (03400)

만든 사람들
기획·총괄 | 손성문
편집 | 한재희
디자인 | 이화선
일러스트 | 이현지

지구를 살리는 생태 감수성 수업

민성환 지음

머리말

지금 생각해 보면, 참 어중간한 동네에서 태어나 유년 시절을 보낸 듯합니다. 도시라고 불리기는 뭐하고 시골이라고 하기에도 10% 부족한 뭔가 어정쩡한 동네! 그래도 추억 속의 유년 시절은 제법 싱그럽고 재미났던 것으로 기억해요.

되돌아보면 많은 부분 자연이 준 선물이었지요. 도시화가 빠르게 진행되는 동네였지만, 잠깐만 걸어 나가면 물길이 제법 넓은 하천이 있었고, 하천 둔치와 제방 둑길을 따라서는 초지가 넓게 펼쳐져 있었어요. 둑길을 따라 한참 걷다 보면, 지역 초중고 학생들의 단골 소풍 장소였던 작은 산도 있었고요. 작은 산에서 바라보던 하천이 꽤 아름다웠지요. 집에서 멀지 않은 곳에는 작은 습지도 있었답니다. 여름이면 연꽃이 만발하여 아름다운 습지였는데, 추운 겨울이 되면 하루 종일 그곳에서 썰매를 타기도 했지요.

특별한 놀이기구나 장난감이 없었던 시절이지만, 온천지가 놀잇감이고 놀이동산이었습니다. 매일 동네 친구들과 만나서 밥 먹는 시간도 아깝다며 천방지축 돌아다녔던 것 같아요. 돌이켜 보면, 저를 키운 건 부모님뿐만이 아니었던 듯해요. 늦었지만 고맙다는 말을 전해야겠습니다. 내 유년 시절의 하천과 작은 산과 습지, 그리고 그 공간에서 나의 친구가 되어 준 모든 생명에게.

생애 최고의 캠핑을 꼽자면, 중학교 일 학년 때 학급 아이들 전체가 함께 떠났던 캠핑을 들고 싶어요. 지금이야 전국 방방곡곡에 캠핑을 위한 야영장이 다양하게 조성되어 있고, 숟가락부터 공기 침대까지 오만 가지 전문 장비가 일반화되어 큰 불편함이나 어려움 없이 캠핑을 즐길 수 있지요. 하지만 제가 중학생일 때만 해도 그렇지 않았답니다. 그때 우리는 캠핑 준비를 석 달 가까이 했던 것 같아요.

아이들 다섯 명가량이 한 조가 되어, 조별로 필요한 장비와 물품을 조금씩 준비했습니다. 가장 중요한 장비는 텐트! 동네에서 텐트를 갖고 있는 사람이 드물다 보니, 한 달 넘게 아는 형들을 수소문하여 어렵게 빌릴 수 있었지요. 다음으론 버너와 코펠. 그것들 역시 어렵사리 확보했답니다. 아! 배낭도 그렇고, 침낭과 야전삽도 빼놓을 수 없는 물품이었네요.

조별로 필요한 장비들을 갖추고 캠핑 준비를 완료했다고 생각했는

데, 가장 중요한 준비물이 남아 있었어요. 그것들은 캠핑 떠나기 전
날 개인별로 분담했지요. 각자 먹을 쌀과 김치 그리고 마른반찬 몇
개, 찌개용 재료들. 여기서 중요한 사실 하나. 그 모든 장비와 물품을
배낭에 담아 온전히 등에 지고 이동해야 한다는 것입니다. 그것도
대중교통을 이용해서 말이지요. 지금이야 얼마나 많든 상관없이 필
요한 것을 모두 자동차에 실어 캠핑을 떠나지만, 그때만 해도 야영장
까지 대중교통과 두 다리로 이동해야 했어요.

조별로 십시일반 힘을 모아, 버스로 두 시간 가까이 이동하고 한
시간 이상을 걸어서 마침내 목적지에 도착했답니다. 지금처럼 시설
이 완비된 장소를 떠올리면 안 돼요. 전문 야영장이 따로 있던 시절
이 아니다 보니, 그냥 여기저기 다니며 좋은 장소를 물색해야 했어
요. 우리는 주변에 큰 산이 있고 계곡물이 흘러나오다 제법 넓은 개
활지와 만나는 지점을 캠핑 장소로 정했지요. 땀을 뻘뻘 흘리면서
텐트를 치고 짐을 풀었습니다. 그리고 물에 들어가 물놀이를 한 후,
저녁을 준비해서 밥을 먹고 설거지를 마친 다음 모닥불을 피우고 모
여 앉아 이야기를 나누었지요. 텐트 안에 들어와서도 밤늦게까지 달
걀귀신, 빗자루 귀신, 학교 귀신 등 오만가지 귀신 이야기를 나누다
새벽녘에야 잠이 들었답니다.

깊은 새벽녘, 제 차례가 되어 불침번을 서게 되었는데요. 그때 접
했던 풍경과 소리들은 아직도 생생한 기억으로 남아 있습니다. 별이

쏟아지던 여름밤 하늘과 무서운 이야기에 등장하는 도깨비불이 아른거리던 앞산과 뒷산 그림자, 숲에서 들려오던 처량한 소쩍새 울음소리! 수십 년이 지나도 잊히지 않는 풍경과 소리입니다. 지금도 답답하고 지쳤을 때, 그 추억들은 청량제 같은 시원함과 아련함을 가져다주곤 하지요. 그것 역시 자연이 제게 준 큰 선물이지 않을까 생각해요.

　　장대비를 온몸으로 맞아본 경험이 있나요? 지금처럼 우산이 흔하지 않던 시절에는 가벼운 비 정도는 그냥 맞고 다녔던 것 같아요. 낭만이기도 했고요. 대기 오염 물질이 녹아든 산성비를 맞으면 대머리가 된다는 근거 없는 속설이 퍼지면서, 비를 맞으며 이유 없이 깔깔거리던 낭만이 사라져 버렸지요. 그런데 저는 정말 장대같이 내리던 비를 온몸으로 맞은 적이 있답니다.

　　1990년대 초중반은 골프장 건설 열풍으로 전국이 들썩거렸어요. 국가 경제가 점차 발전하고 개개인의 경제 사정이 좋아지면서, 골프를 즐기는 사람이 빠르게 늘어난 결과였지요. 그런데 문제가 있었습니다. 국토의 60% 이상이 산림인 우리나라는 골프장을 지을 만한 곳이 산지 외에는 없다는 것이었지요. 골프장을 만들기 위해서는 생명의 보금자리인 산림을 싹 밀어내고, 그 안의 생물들을 쫓아내야만했어요. 그뿐만이 아니지요. 골프장의 잔디밭을 유지하려면 엄청난 농약을 사용해야 해요. 농약의 일부가 하천이나 지하수에 스며들면, 그 물에 의지하여 살아가는 지역주민에게 큰 피해를 주게 됩니다.

당시 경기도 광주군 실촌면의 일부 지역에 골프장을 건설하겠다는 계획이 수립되었어요. 당연히 지역주민들은 대책위를 꾸리고, 골프장 건설을 저지하는 활동을 시작했지요. 저는 당시 지역주민들의 요청으로, 골프장 예정지인 산림이 생태적으로 얼마나 소중한지를 살펴보는 조사팀에 합류했답니다.

현장 조사를 하는 날이었어요. 소나기가 온다는 예보가 있었지만, 지나가는 비겠거니 하고 조사를 강행했지요. 깊은 숲속에서 한창 조사를 하는데, 말짱하던 하늘이 어두워지더니 갑자기 비가 내리는 거예요. 빗방울은 점점 굵어지고 그칠 기미가 보이지 않았어요. 조사가 상당히 진행된 상태인 데다 촉박한 일정이라 작업을 강행했습니다. 결국 조사는 마무리했지만, 수영장에서 한참 있다 나온 듯 온몸이 홀딱 젖어 버렸지요.

장대처럼 쏟아지는 비가 그렇게 시원한지 미처 몰랐어요. 한여름 더위로 흘린 땀 때문에 온몸이 끕끕했던 차라 더욱 그랬을 겁니다. 제가 조사한 자료가 골프장 건설로부터 숲을 지켜내는 데 큰 도움이 될 수 있겠다는 기대감 때문에 그렇게 시원했을 수도 있겠네요. 숲은 예상대로 건강한 상태였습니다. 함부로 골프장을 지을 만큼 훼손되거나 개발할 수 있는 숲이 절대 아니었어요. 산에서 내려와 나중에 확인해 보니, 그날 거의 100mm 가까이 되는 비가 내렸다고 해요. 많은 기대에도 불구하고 애석하게도 골프장은 건설되었고, 숲과 숲속의 생명들은 모두 사라져 버렸습니다.

그 후로도 세월이 참 많이 흘렀네요. 그 사이 삼천리금수강산도 엄청나게 변했어요. 멀리 갈 것 없이 지난 20년 동안(2002~2021년) 우리나라의 지목별 연평균 면적 변화만 봐도, 산(임야) 78.5km², 밭 66.7km², 논 25.8km²가 사라졌다고 합니다. 78.5km²는 여의도 면적의 약 2,707배나 되는 크기랍니다. 사라진 공간은 도로와 집과 공장 등으로 채워졌지요. 이런 흐름은 전 세계적인 현상이에요. 이미 전 세계 산림의 40%와 습지의 85%가 사라졌고, 바다의 65% 이상이 손상을 입었다는 이야기도 있어요. 안타깝게도, 내 유년 시절 놀이 터였던 장소도 그런 공간 중 하나겠지요?

하천과 초지는 4대강 사업으로 원형을 잃어버렸고, 습지는 공장 터를 조성하면서 사라져 버렸어요. 그나마 소풍 장소였던 작은 산은 개발의 광풍에서 비켜나 아직 그 자리에 있지만, 쇠락해 가는 마을과 함께 찾는 이 하나 없는 잊힌 공간이 되어 버렸지요. 그곳에 깃들어 살았던, 나의 놀이 친구가 되어 주었던 생명 가운데 여전히 안녕한 생명은 얼마나 될까요? 견디지 못해 흔적도 없이 사라지거나 떠나간 생명이 부지기수일 테지요.

안타깝게도, 바뀌고 변하고 사라진 것이 장소와 생명만은 아닌 듯합니다. 우리의 생각과 가치관도 참 많이 변해 버렸지요. 과거와 달리, 오로지 인간 중심으로 쓸모 있음과 없음을 나누고, 쓸모가 있을 때라야 가치를 부여하면서 살아가는 것 같아요. 그런데 최근 들어 다시 한번 생각과 가치관의 변화가 일어나고 있는 듯합니다. 여기저기서 들려오는 인류세니, 생태발자국이니, 지구 위험 한계선이니, 지구법학*이니, ESG**니 하는 개념들이 그런 변화의 징조가 아닐까요?

그럼에도, 전반적인 우리의 삶과 생각과 가치관은 자연에서 점점 멀어지고 있는 것 같아서 걱정입니다. 한편으로 우리는 자연을 끊임없이 이용하고 착취하면서, 삶과 문명을 유지하고 있지요. 기후위기, 생물다양성 위기, 전염병 위기, 사막화 위기, 해양 산성화 위기, 대기

---

* 인간은 물론 동식물, 생태계와 자연까지 법적 주체가 될 수 있음을 주장하는 법사상. 지구법학의 핵심 전제는 지구 행성을 구성하는 모든 생명이 그 자체로 존엄성과 권리를 갖는다는 것이다(지구법학회, 『지구법학』, 문학과지성사, 2023, 477쪽).

** 환경(Environmental), 사회(Social), 지배구조(Governance)를 의미하며 기업이 갖는 책임의 중요성을 일컫는 단어로 널리 쓰인다. 과거에는 기업의 가치를 재무제표에 두었으나, 지금은 환경, 사회, 지배구조(기업 윤리 및 투자 책임 등)와 같은 비재무적 지표도 기업의 가치를 결정하는 중요한 요소가 된다. 특히 환경문제에 적극적으로 대응하지 못하는 기업은 지속 가능한 성장을 할 수 없는 세상이 되었다. 많은 기업이 기후위기 대응, 생물다양성 보전 등의 환경문제에 적극 대응하고 노력하는 이유이다.

오염 위기, 자원고갈 위기 등 우리가 안고 있는 숱한 문제가 결국은 자연을 이용의 대상으로만 바라보고 착취하는 데서 발생한 것이 아닐까요? 그렇다면 자연과 생명의 '생명살이'를 제대로 이해하려고 애쓰고, 자연과의 공존을 모색하는 것이 많은 문제의 근본 해결책이 될 수 있겠지요.

그런 고민과 생각을 글에 담아 보고 싶었습니다. 그리고 여러분과 함께 이야기해 보고 싶어요. 생명을 품고 있는 지구가 얼마나 멋있는 행성인지, 우리 주변에 얼마나 많은 생명들이 함께 살고 있는지, 조금만 관심을 가지면 도시라는 척박한 공간에서도 얼마나 많은 생명을 만날 수 있는지, 그런 주변의 자연과 생명이 우리에게 얼마나 많은 것들을 베풀고 있는지. 그런데 그 생명들이 지금 얼마나 큰 위험에 처해 있는지, 모르는 사이에 우리는 얼마나 자연과 멀어졌는지, 만약 자연과 공생하고 공존하길 원한다면 우리가 무엇을 해야 하는지를요.

차례

7장 자연과 함께 살아가기

1장

수많은 생명이
함께 사는 터전, 지구!

생명의 보금자리, 지구!

지구에는 인간을 포함하여 다양한 생명이 살고 있습니다. 지구에만 생명이 존재하는 걸까요? 많은 과학자가 오랫동안 생명체가 사는 외계 행성을 찾아 왔으나, 아직까지는 지구만이 유일하게 생명을 보듬은 행성으로 알려져 있습니다. 가만히 생각해 보면 참으로 놀라운 일입니다.

중학생일 때, 자율학습을 마치고 밤늦게 하교하는 날이 종종 있었습니다. 집까지 걸어오면서 수많은 별이 반짝이는 하늘을 올려다보곤 했지요. 건물이나 가로등 불빛이 많지 않았던 동네라, 별이 아주 잘 보였답니다. 시꺼먼 밤하늘을 배경으로, 셀 수 없이 많은 별들이 쏟아질 듯 하늘에 박혀 있었어요. 여기저기서 주워들은 정보로 "저건 북두칠성, 저건 카시오페이아" 하면서 별자리를 읊으며 천천히 걸었습니다.

그러다 보면 생각에 생각이 꼬리를 물며, 말로 설명하기 힘든 영험한 느낌을 받곤 했어요. 이를테면 이런 생각들이었지요. 저렇게 많은 별 가운데 지구처럼 생명체가 살고 있는 별이 있을까? 아마 수없이 많겠지? 어떤 인연으로 난 그 많은 별 중에 지구라는 행성에서 태어났을까? 다른 별에서 태어났다면, 난 어떤 모습으로 어떻게 살아가고 있을까? 그곳에서의 삶도 지금 여기와 마찬가지일까? 또 다른 별에서도 누군가가 하늘을 쳐다보며 걷다가 나와 같이 상상의 나래를 펴고 있을까? 이 지구라는 행성에서도 나는 어떤 인연으로 미국이나 아프리카나 독일이 아닌 대한민국이라는 나라에 태어났을까? 대한민국이란 나라에서도 서울이나 부산, 제주도가 아닌 전라도의 조그마한 소도읍에서 태어난 데는 어떤 이유가 있는 것일까?

생각을 거듭하다 보면 온 우주를 관장하는 알 수 없는 누군가가 정말 존재하는 것만 같았고, 모든 것들이 불가해한 이유로 서로 연결되어 있는 것만 같았어요. 그러면서 '나에게 주어진 생명이 얼마나 경이롭고 소중한 것인가' 하는 생각에 이르곤 했지요. 그 소중한 생명의 삶을 함부로 하거나, 허투루 살아서는 안 되겠다고 다짐하면서 집에 도착했습니다.

달리 생각해 보면 모든 것이 연결되어 있다는 감각, 모든 살아 있는 것들은 차별 없이 존귀하고 그 존재들은 보이지 않는 끈으로 연결되어 있다는 감각, 그래서 더불어 살아가야 한다는 감각, 어쩌면 영성이라 표현할 수 있는 감각을 별이 빛나는 밤길을 걸으며 온몸으로 느끼면서 다듬었던 것 같습니다. 별을 볼 수 있는 환경이었기에 가능했던 경험이기도 하고요.

지구가 아름다운 이유 가운데 하나는 생명체가 살고 있기 때문이 아닐까요. 지구에는 인간을 포함하여 셀 수 없이 많은 생명체가 함께 살고 있지요. 이런 생명체들은 어떻게 태어났을까요? 지구의 탄생과 동시에 존재했을까요? 그게 아니라면 도대체 언제부터 생명체가 존재했던 걸까요? 여전히 완벽하게 풀리지 않는 수수께끼입니다.

138억 년 전에 우주가 탄생했습니다. 그 유명한 빅뱅 이론은 극도로 뜨겁고 밀도가 높은 초기 상태에서 우주가 시작되어 팽창했다고 설명해요. 물리학에 '젬병'인 저로서는 이해하기 힘든 영역입니다. 빅뱅이 어떻게 가능한지 모르겠고, 빅뱅 이전엔 그럼 아무것도 존재하지 않았는지 궁금하기도 해요. 우주 탄생에 대한 그러한 이야기는 마치 무에서 유가 창조되었다는 말로 들리는데, 그런 일이 어떻게 가능한지 제 상상력으로는 이해하기 어렵습니다.

여하튼 우주가 탄생한 후로 오랜 시간이 지나 태양계가 형성됩니다. '오랜 시간'이란 인간의 시간 개념으로는 상상할 수 없는 아주 긴 시간이지요. 우주 먼지와 잔해 그리고 원소들이 서로 뭉치면서 약 46억 년 전에 지구가 만들어졌다고 합니다. 그 후로도 꽤 오랫동안 지구상에 생명이라고는 찾아볼 수 없었지요.

드디어 35억 년 전에 원시 생명이 출현합니다. 무생물에서 생물이 나타난 과정은 여전히 베일에 싸여 있답니다. 어찌어찌하다 산소 없이 살아가는 최초의 세포가 탄생한 후, 32억 년 전~24억 년 전에 산소를 만들어 내는 생명체가 드디어 지구상에 나타납니다. 오랜 시간 동안 그들이 만들어 낸 산소가 지구의 대기를 오늘날과 같은 형태로 완전히 바꾸어 놓게 되지요. 물론 지금보다 산소 농도가 훨씬 높긴 했지만요.

대기 내 산소 중 일부는 자외선과 반응하여 오존을 형성하였고, 그리하여 오존층을 만들어 냅니다. 오존층은 자외선을 흡수하여, 지구상에 생명체가 생존할 수 있게 도와주었어요. 대기 중에 산소량이 점차 증가하면서, 산소를 자신의 신진대사에 활용하는 쪽으로 진화한 생물이 나타나기 시작하지요.

다시 꽤 오랜 시간이 흐른 후, 7억 년 전쯤에 최초의 식물이 육지에 모습을 드러냅니다. 그리고 3억 8,000만 년 전에 어류에서 진화한 네발 동물이 처음 등장했지요. 그로부터 3,000만 년이 지나 포유류의 조상이 모습을 드러낸 이후로, 무수히 많은 생명들이 지구상에 나타났다가 사라져 갔어요. 우리가 잘 아는 공룡도 그런 생물체였지요.

지금 지구는 오랜 진화 과정을 통해 쏟아져 나온 다종다양한 생물들이 살아가는 공동체 행성입니다. 생명이 살지 않는 지구를 진정한 지구라고 여길 수 있을까요? 생명체의 보금자리, 이것이 지구의 정체성 가운데 하나라고 생각합니다.

회색 도시에도 다양한 생명들이 살아요

오늘날 대부분의 사람이 도시에 살고 있습니다. 우리나라도 2021 년 기준으로, 전체 인구의 91.8%가 도시에 살고 있다고 하네요. 열 명 가운데 아홉 명은 도시라는 인공환경에서 살고 있다는 이야기입니다. 이는 세계적인 현상으로, 시골보다 도시에 사는 사람의 수는 앞으로 더욱 늘어날 것으로 예측됩니다.

도시는 아스팔트 도로, 시멘트 다리, 콘크리트 건물, 철골 공장과 같이 인공물이 대부분을 차지하는 곳입니다. 숲과 같은 공간이 몹시 부족하여, 평소에 자연을 접하기란 매우 어려운 일이에요. 태어나서 죽을 때까지 도시를 벗어나지 않고 산다면, 공원과 도로에 심어진 나무와 조그마한 도시 숲이 평생 만나는 자연의 전부가 될 테지요. 그러다 보니 자연을 접하며 느끼는 감정이나 자연을 대하는 방식, 자연에 대한 이해가 과거와는 매우 많이 달라진 듯합니다.

그래서일까요? 도시는 사람만 사는 곳이라는 착각을 자주 합니다. 사람 이외의 생물들이 도시에 산다는 생각을 하지 못하는 것이 지요. 가끔 서울에 사는 사람에게 도시에서 제비를 본 적이 있냐고 물어보면, 서울에도 제비가 사냐며 오히려 반문합니다. 여러분은 제비를 본 적이 있나요? 『흥부와 놀부』라는 동화책에서 본 적이 있다고요? 아니, 책이나 새 도감 말고 제비의 실제 모습을 본 사람은 없나요?

관심을 가지고 주위를 둘러보면, 날아다니는 제비를 볼 수 있습니다. 애석하게도 개체수가 점점 감소하는 추세여서 운이 좋아야 볼 수 있지만, 그래도 여전히 제비는 우리 주변에서 사람과 함께 살아가고 있답니다. 심지어 우리나라 도시의 '끝판왕'인 서울에도 제비가 살고 있어요. 제가 일하고 있는 단체에서 오랫동안 제비를 관찰해 왔거든요. 조사해 보니, 대략 1,000여 마리의 제비가 해마다 봄이면 서울에 찾아와 짝을 찾고 집을 짓고 새끼를 낳아 키운 후 가을이 되면 고향으로 돌아갑니다.

우리 주변에는 생각보다 생물이 많답니다. 집 안에도, 가까운 공원에도, 외곽의 작은 숲에도 수많은 생명이 살아가고 있어요. 관심이 없는 탓에 우리 눈에 보이지 않고, 사람들을 무서워해서 숨어 있다 보니 발견하기 어려울 뿐이지, 서울이라는 큰 도시에도 최소한 5,000종이 넘는 동물과 식물이 함께 살고 있답니다. 하지만 보고 싶어도 만나고 싶어도 그럴 수 없는 세상이 다가오고 있어요. 여러 이유로 많은 생명이 빠르게 멸종하고 있거든요. 더 늦기 전에 주변의 생물들을 지키기 위한 노력이 필요합니다.

지구는 수많은 생명이 함께 살아가는 공동체 행성입니다. 지금까지 지구 말고는 생명이 살고 있는 별을 발견하지 못하고 있지요. 지구상의 생명들은 저마다 주어진 역할을 충실히 수행하며, 서로 영향을 주고받으며 살아가요. 지구가 다른 어떤 행성보다 특별한 건 바로 인류를 포함한 이들 생명 때문이지 않을까요? 여러분은 어떻게 생각하나요?

생물다양성 행성, 지구

    생물다양성(Biodiversity)이라는 말을 들어 본 적이 있나요? 매년 5월 22일은 UN이 제정한 '생물다양성의 날'이기도 합니다. 생물다양성이 무엇이길래 기념일까지 제정하였을까요? '생물다양성'이란 '미생물을 포함한 동물과 식물 등 모든 생명체의 다양성, 그리고 생명체가 지구상에 자리 잡고 있는 모든 환경, 생태계의 다양성'을 의미합니다. 보통은 종의 다양성을 의미하는 것으로 이해하지만, 유전적 다양성 및 생태계 다양성을 포함하고 있답니다. 조금 어렵다고요? 앞으로 이어지는 이야기를 듣다 보면 차차 이해하게 될 거예요.

    우리는 왜 생물다양성에 관심을 가져야 할까요? 생물다양성을 통해 하고 싶은 이야기가 무엇일까요? 단순하게 말하자면, 지구상에는 다양한 생물이 살아야 하고, 다양한 생물이 살도록 해야 하며, 그래야 인류에게도 좋다는 것입니다.

    생물다양성이란 말은 1980년대 말에 새롭게 등장한 용어입니다.

그전에는 굳이 그런 말을 만들어 사용할 필요가 없었다는 것이지요. 우리가 모르는 사이, 셀 수 없이 다양한 생물들이 살던 지구에 갑자기 문제가 생기기 시작했어요. 숲과 습지가 사라지고 강과 바다가 오염되면서, 그곳에 살고 있던 수많은 동물과 식물이 함께 사라지기 시작한 거예요. 주변에서 흔하게 보이던 생물들이 어느 순간 그 수가 줄어들더니, 어느 날부터는 아예 보이지 않게 되었어요. 지구에서 영원히 사라진 것이지요. 멸종한 겁니다.

그런 현상을 관찰한 수많은 과학자들이 걱정하기 시작했어요. 지구에서 생물이 사라져 버리면 인간마저 멸종할 수 있다는 위기감이 조성되었어요. 그리하여 생물다양성을 보전하고 증진해야 한다는 공감대가 마련되었지요. 그래서 1992년 브라질의 리우데자네이루라는 도시에 전 세계의 지도자들이 모여 '생물다양성 협약'을 체결하고, 생물다양성 보전을 위해 노력하자고 약속하게 됩니다. 여러분이 잘 아는 것처럼, 그 자리에서 '기후변화 협약'도 함께 체결되었어요. 지금 우리는 생물다양성 보전과 기후위기 대응이라는 큰 숙제를 동시에 해결해야 하는 상황에 놓인 것이지요.

기후위기 문제에 대해서는 많은 사람들이 잘 알고 있고, 그 문제를 해결하기 위해 노력해야 한다고 생각하며, 나아가 조그마한 것이라도 실천하고 있어요. 하지만 안타깝게도 생물다양성에 대해서는 그보다 관심이 낮은 것 같아요. 자연을 연구하는 과학자들은 기후위기보다 오히려 생물다양성 문제가 더 중요하고 심각하다고 이야기하고 있는데 말이지요.

우리 지구에는 얼마나 많은 생물들이 함께 살고 있을까요? 누구도 정확한 숫자를 알 수 없지만, 여러 조사 결과를 토대로 추정할 순 있어요. 특히 동물과 식물 그리고 균류를 연구하는 과학자들이 많다 보니, 동물과 식물, 균류의 수는 어느 정도 실제와 부합하게 파악하고 있지요. 생물종을 연구하는 과학자들은 새로운 생물을 발견하면, 다른 나라의 과학자들과 의견을 나눠 지금까지 발견된 것과 다른 종인지를 확인합니다. 그리고 새로운 종으로 확인되면, 그 생물의 이름을 짓고 국제사회에 등록해요. 이때 붙이는 이름을 학명(Scientific name)이라고 부릅니다. 학술적으로 붙인 이름이라는 뜻이지요.

우리가 알고 있는 모든 생명은 이렇듯 학명을 갖고 있어요. 인간도 호모 사피엔스(Homo sapiens)라는 학명이 있고, 우리나라 사람들이 가장 좋아하는 나무 가운데 하나인 소나무의 학명은 피누스 덴시플로라(Pinus densiflora)예요. 이처럼 학명을 갖고 있는 생물이 대략 187만 종이라고 합니다. 200여 만 종이라고 주장하는 과학자들도 있어요. 정확한 수는 아무도 알 수 없지만, 그 모든 의견을 따른다면 187만~200만 종에 이르는 동물과 식물, 균류가 이 지구상에 함께 살고 있는 셈이에요. 187만~200만이라니, 얼마나 많은 수인지 상상이 되나요?

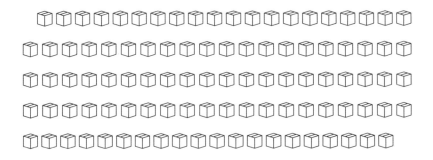

여기, 상자 100개가 있습니다. 상자 한 개마다 하나의 생물종이 들어 있고요. 이런 상자를 A4용지 한 장에 1,663개 채울 수 있습니다. 187만~200만 개의 상자를 채우려면, 자그마치 1,112~1,203장의 A4용지가 필요하다는 계산이 나오지요. 1,200장이 넘는 A4 크기의 책 속에 네모난 상자가 가득하다고 상상해 보세요. 엄청나지 않나요? 저마다의 상자는 코끼리, 사자, 도마뱀 등 하나의 생물종을 의미합니다.

우리 지구상에는 이렇듯 상상 이상의 많은 생물이 함께 살고 있어요. 그런데 그마저도 과학자들이 현장에서 발견한 생물에 국한된 것이어서, 아직 발견하지 못한 생물까지 합한다면 최대 1,000만 여종의 생물이 살고 있을 것으로 예측하지요. 이조차도 식물, 동물, 균류만 말하는 것이지, 원핵생물 및 원생생물까지 포함한다면 그 수는 상상을 초월할 겁니다.

참고로, 지구상의 모든 생물은 크게 3역 6계로 분류하고 있답니다. 예전에는 크게 동물계, 식물계, 균계로 나눈다고 배웠지요. 하지만 지금은 계의 상위 단계를 세균역, 고세균역, 진핵생물역의 3역으로 나누고, 진정세균계, 고세균계, 원생생물계, 균계, 식물계, 동물계의 6계로 분류합니다. 다만 이런 분류 방식은 학자마다 조금씩 달리하기도 하며, 게다가 분석 기술이 발달하고 분자생물학 등의 학문이 발전하면서 새롭게 바뀌기도 하지요. 생물 연구를 통해 분류체계가 끊임없이 변하고 발전할 수 있다는 내용쯤으로 이해하면 좋겠습니다.

그렇다면 우리나라에는 얼마나 많은 생물이 살고 있을까요? 2019년 기준으로 5만 2,628종이라고 합니다. A4 크기의 책으로 따지자면 서른두 장이 되겠군요. 앞에 나왔던 네모 상자가 서른두 장을 가득 채우고 있는 것이지요. 그런데 이 숫자도 매년 늘어나고 있답니다. 앞에서 생물들이 계속 줄어든다고 이야기해 놓고는 매년 기록되는 생물이 늘고 있다니, 어리둥절하지요?

많은 과학자들이 생물다양성을 보전하려고 노력하고 있는데, 그러기 위해서는 현재 우리나라에 어떤 생물이 살고 있는지 조사를 해야 하거든요. 그처럼 매년 열심히 현장 조사를 하고 있어서, 지금은 해마다 조금씩 생물들이 늘어나는 추세를 보이는 것이지요. 하지만 조만간 그 수가 정체되는 순간이 올 듯합니다.

뭇 생명이 갈고닦아 만든 지구의 법칙

　지구는 무수히 많은 생명의 공동체입니다. 수많은 생명은 주어진 조건을 최대한 활용하면서, 함께 살아가는 법을 나름대로 만들어 냈지요. 오랜 시행착오를 거치며 다듬어진 삶의 방식과 관계 그리고 방법에는 '지구의 법칙', '지구 생태계의 법칙'이라 불러도 무방할 것 같은 내용을 포함하고 있어요. 제가 생각하는 지구의 법칙이자 지구 생태계의 법칙은 이런 것들입니다.

　하나, 홀로 영원히 존재할 수 있는 것은 없습니다. 영원할 것처럼 보이는 태양마저도 50억 년 후에는 밝은 빛을 잃고 소임을 다할 것이라고 합니다. 모든 것은 유한합니다. 그런데 그 유한한 존재는 다른 것과의 관계를 통해서만 온전할 수 있습니다. 유한한 존재들의 관계망을 생태계라 부를 수도 있겠군요. 생태계란 생물과 무생물이 만들어 낸 관계망입니다. 가장 큰 생태계인 지구 생태계는 수많은 생물과 무생물이 함께 만들어 낸 가장 커다란 관계망이지요.

생물 사이의 관계망을 먹이그물이라고 이야기하기도 합니다. 여러분도 먹이그물이라는 말을 들어 봤을 거예요. 먹이는 에너지입니다. 태양에너지를 이용하여 식물이 영양분을 만들어 내면, 그 영양분을 곤충들이 이용하지요. 곤충이 확보한 에너지를 다시 개구리가 이용하고, 개구리가 곤충을 잡아먹고 확보한 에너지를 뱀과 새들이 다시 이용합니다. 이런 방식으로 모든 것들이 연결되어 있어요.

그런데 개구리가 정해진 한 종의 곤충만 먹는다는 이야기를 들어본 적이 있나요? 그렇지 않아요. 개구리는 아주 다양한 곤충을 잡아먹고 에너지를 확보합니다. 모든 생물이 그렇지요. 인간이 쌀밥으로만 배를 채우고 에너지를 확보하는 게 아닌 것처럼 말이에요. 그래서 모든 것은 그물처럼 복잡하게 얽히고설키게 마련입니다. 한 생명이 존재할 수 있는 이유는 다른 생명이 존재하기 때문이에요. 그런 생명은 물, 바람, 흙 등 수많은 무생물로 이루어진 공간에서 영향을 주고받으며 살아가지요. 다시 말하지만, 홀로 영원히 존재할 수 있는 것은 없습니다.

둘, 모든 것은 순환하고 흐릅니다. 모든 물질은 순환해요. 그리고 앞에서 이야기한 것처럼, 에너지는 고이지 않고 계속 흐르지요. 억지로 순환을 끊고 흐름을 방해하면, 병이 생기거나 고장이 납니다. 결국 모든 생명이 고통을 받고, 심지어는 죽음에 이르기도 하지요.

순환을 말하자면, 대표적인 것으로 물을 들 수 있을 거예요. 인간은 물 없이 살 수 없어요. 아니, 거의 모든 생명은 물 없이 살 수 없습니다. 심지어 물은 한 생물체의 주요 구성성분이기도 하지요. 인간의 몸은 약 50~70%가량이 물로 구성되어 있습니다. 그런데 원래 체내에 있던 물에서 고작 2%만 손실되어도 심한 갈증을 느끼고, 5% 이상 손실되면 의식이 희미해지며, 10% 이상 손실되면 사망할 수도 있답니다. 해파리는 95% 이상이 물로 이루어져 있지요.

이렇듯 소중한 물을 우리는 매일매일 사용합니다. 오늘 내가 집에서 사용하고 버린 물은 하수도관을 통해 물을 처리하는 시설로 흘러갑니다. 오염된 물은 여러 정화 과정을 거친 후 하천으로 흘러가지요. 하천으로 흘러간 물은 바다로 향하고요. 바다에 도달한 물은 증발을 통해 대기 중으로 이동합니다. 대기의 수증기는 다시 비나 눈이 되어 지상으로 돌아옵니다. 일부는 하천으로 흘러가고, 또 일부는 흙 속으로 스며들며, 일부는 생명들의 몸속으로 스며들겠지요. 바닥으로 떨어진 물 가운데 일부는 지하 깊숙이 침투하여 지하수를 보충할 거예요.

아침밥을 먹은 후 생수를 꿀꺽 마셨다면, 그 생수는 순환 경로를 통해 지하에 자리 잡은 물이었을 테지요. 따지고 보면, 오늘 내가 마신 물은 오래전 내가 사용하고 버렸던 물일 수 있습니다. 물이 순환하기 때문에 가능한 일이지요. 우리 조상님들은 이런 사실을 학교에서 배우지 않았지만, 오랜 경험의 축적을 통해 알고 계셨던 것 같아요. 그래서 물을 함부로 오염시키는 행위를 절대 하지 않도록 가르치고 실천하셨지요.

순환하는 것은 물뿐이 아닙니다. 생명을 구성하는 필수 원소인 탄소, 수소, 산소, 질소, 황, 인, 칼륨, 칼슘, 마그네슘, 철 등 대부분의 원소가 그런 순환의 법칙을 준수하고 있답니다. 산소도 순환과 연결의 고리를 따라 사람의 몸속에 들어왔다가 다시 대기 중으로 흘러가고, 나무 몸속으로 들어갔다가 다시 우리 몸으로 돌아오지요. 원소의 눈높이로 보자면, 사람과 나무는 이어져 있는 거예요. 좀 더 과장하자면, 생명 공동체의 일원이라고 할 수 있지 않을까요? 다른 생명을 함부로 대하면 안 되는 이유입니다.

셋, 다양할수록 좋아요. 식물의 꽃가루받이(수분)를 도와주는 동물에는 파리, 나비, 나방, 새, 모기 등 엄청나게 다양한 생명들이 있습니다. 파리만 해도 한 종이 아니라 셀 수 없이 많은 종이 꽃가루받이에 참여하여 꽃식물이 널리 퍼지는 데 도움을 주지요.

만약 피치 못한 사정으로 파리 한 종이 사라졌다고 생각해 볼까요? 다양성이 높지 않은 탓에 유일하게 꽃가루받이를 할 수 있는 파리가 사라진다면 어떤 일이 벌어질까요? 파리의 도움으로 번식과 확산이 가능했던 꽃식물도 사라질 수밖에 없을 거예요. 모든 생태계 영역에서 이런 일이 벌어진다면 어떻게 될까요? 생물다양성이 높은 덕에 사라진 한 종의 역할을 다른 종이 대체할 수 있다면, 꽃식물이 사라지는 불행한 일은 막을 수 있지 않을까요? 다양한 것이 좋은 이유 중의 하나입니다.

　지금까지 지구의 법칙이자 지구 생태계의 법칙에 대해 살펴봤어요. 정리하자면, 다양한 생물들이 변화와 순환의 고리 속에서 서로 관계를 맺고 살아가는 것, 이것이야말로 지구 생태계의 본모습이자 생명의 법칙이 아닌가 합니다.

우리 주변의 '숨은 생명 찾기'

도시에 살다 보면, 자연과 생명을 접할 기회가 적은 것이 사실입니다. 실제로 도시에서 만날 수 있는 자연과 생명이 드문 것도 하나의 이유가 되겠지만, 사람들이 주변 환경에 관심을 두지 않기 때문이기도 합니다. 관심을 두지 않으면, 바로 옆에 있는 존재조차도 우리 눈에는 보이지 않게 되지요.

그러니 우리 주변 환경에 조금만 관심을 가졌으면 합니다. 서로 만나고 교류해야, 알게 되고 이해하게 되지요. 내가 무엇을 할 것인가 하는 고민도 생기고요. 도시에서 접할 수 있는 우리 주변의 대표적인 생명 공간과 뭇 생명들을 찾아보고, 그곳을 방문하여 속살을 들여다보고 그들의 이야기를 들어 보면 어떨까요?

도시의 작은 산에 참나무가 살아요!

우리나라는 육지 면적의 65%가량을 산이 차지하고 있다 보니, 어느 곳에서든 산을 볼 수 있습니다. 도시라고 다르지 않아요. 정도의 차이는 있지만, 도시마다 규모가 제법 되는 큰 산과 도심지에 가깝게 자리 잡은 작은 산들이 도시의 풍경을 구성합니다. 큰 산에 가려면 보통은 큰마음 먹고 이것저것 준비할 것들이 많아요. 하지만 작은 산은 별다른 준비 없이 가벼운 차림으로 방문할 수 있지요.

참, 여러분은 산과 숲의 차이를 알고 있나요? 산은 지형적 개념의 말로, 평지에서 높이 솟아 있는 지형을 뜻해요. 반면 숲은 나무와 나무가 집단으로 어우러져 자라는 공간을 의미하지요. 다만 우리나라의 산은 오랫동안 풀과 나무 들이 자라면서 숲을 이룬 곳이 많답니다. 보통 산에는 숲이 우거져 있지요. 그래서 산과 숲을 혼동하기도 하지만, 엄밀하게 말하면 숲이 없는 산도 있습니다. 민둥산이라고 부르는 산이지요. 예전에는 숲이 없는 산들도 많았지만, 오랫동안 산에 나무를 심고 보호한 결과로 지금은 산에 숲이 잘 발달해 있어요.

사람들이 모여 사는 도시에도 생각보다 산이 많이 있답니다. 그런 산들 가운데서도, 규모는 작지만 사람들이 사는 곳에서 가까이 있어 손쉽게 접근할 수 있는 산을 동네의 '작은 산'이라 부르고자 해요. 그처럼 작은 산은 도시에서 가장 쉽게 자연을 접할 수 있는 장소 중 하나예요. 그래서인지, 별로 크지는 않아도 이용하는 사람들이 엄청 많지요.

작은 산에서 가장 쉽게 만나는 생명은 단연 풀과 나무입니다. 모든 생명이 다 그렇지만, 나무는 특히 기후의 영향을 많이 받아요. 한 곳에 자리를 잡으면 이동할 수 없기에, 기후의 영향을 더 크게 받지요. 그래서 기후에 적응한 식물만이 숲에 모여 살기 때문에, 제주도, 충청도, 서울, 함경도의 산림에서 자라는 나무가 조금씩 달라집니다.

기후뿐만 아니라 숲이 얼마나 건강한지, 주변 환경은 얼마나 깨끗한지, 그리고 인간의 간섭이 얼마나 심한지도 숲에 사는 나무의 종류를 결정짓는 중요한 변수가 되지요. 숲에 사는 나무의 종류만으로도 여러 숨겨진 이야기를 읽어낼 수 있답니다. 그 정도 수준이 되려면, 숲을 자주 방문하고 자세히 관찰하는 노력이 필요하지요.

도시의 작은 산에서 가장 쉽게 만날 수 있는 나무로는 참나무 종류, 아까시나무, 소나무, 리기다소나무를 들 수 있습니다. 참나무 종류에는 낙엽성과 상록성이 있는데 낙엽이 지는 참나무에는 신갈나무, 떡갈나무, 갈참나무, 졸참나무, 굴참나무, 상수리나무가 있어요. 흔히들 참나무 6형제라고 부르기도 하지요. 제주도를 포함하여 서울 지역까지 널리 분포하고 있어요.

모든 이름은 가볍게 짓는 법이 없답니다. 생명에 이름을 붙이는 경우도 마찬가지예요. 생명의 이름에 '참' 자가 들어가는 경우는 보통 '진짜'라는 뜻이 담겨 있어요. 결국 이름을 짓는 것은 사람이기 때문에, 사람과의 관계에서 갖는 의미를 담게 되지요.

참나무는 꽤 오래전부터 사람들에게 많은 도움을 준 나무예요. 참나무에는 도토리라고 불리는 열매가 달려요. 도토리로 만드는 음식은 상당히 많지요. 저는 도토리묵도 좋아하고 도토리묵밥도 좋아해요. 맛있거든요. 게다가 건강에도 좋고요. 먹을 것이 부족했던 옛날에는 참나무 열매가 배고픔을 구제하는 일등 공신이었어요. 어쩌면 생각보다 많은 사람들이 참나무의 도움으로 목숨을 건질 수 있었을 테니, 참나무를 만나면 한 번쯤은 고맙다는 말을 전했으면 해요.

참나무는 숯을 만드는 데 가장 많이 사용하는 나무이기도 하지요. 숯 하면 참나무숯이잖아요. 숯이 생활 공간의 곳곳에서 요긴하게 쓰이고 있는 걸 보면, 나무 중의 진짜 나무라고 이름 붙일 만도 합니다. 아, 표고버섯을 키울 때도 참나무가 필요하지요. 이 정도만 열거해도, 이 나무에 왜 참나무란 이름을 부여했는지 짐작하고도 남을 거예요.

태양에너지, 이산화탄소, 물 등을 이용해 영양분을 만드는 풀과 나무는 다른 모든 생명을 부양하는 중요한 생명입니다. 그래서 다양한 풀과 나무가 살고 있는 작은 산에는 새와 곤충 등의 동물이 다양하게 살 수 있는 것이랍니다. 도시에서 자연을 만나길 원한다면, 시간이 날 때마다 마을 인근의 작은 산을 방문해 보면 어떨까요?

오래전에 서울에 있는 작은 산 서른여 곳을 조사한 적이 있습니다.

신갈나무 잎

떡갈나무 잎

갈참나무 잎

졸참나무 잎

굴참나무 잎

상수리나무 잎

도시의 허파와 같은 역할을 하는 작은 산들이 어떤 상태인지 궁금했거든요. 조사한 결과, 생각했던 것보다 작은 산의 건강 상태가 상당히 안 좋았어요. 너무 많은 사람들이 산을 이용하다 보니 그럴 수도 있겠구나 싶었지요.

작은 산의 생태계에 큰 영향을 미치는 요인들을 꼽아 볼까요? 우선 산책로가 너무 많은 것이 문제였어요. 주변의 주택과 상가에서 산으로 이어지는 곳곳에 길이 만들어지다 보니, 안 그래도 작은 산이 무수한 산책로로 잘게 잘게 쪼개지고 있었어요. 산책로가 숲 생태계에 뭐 얼마나 큰 영향을 미치겠냐고요? 그렇게 단순한 문제가 아니랍니다.

산책로가 숲에서 차지하는 공간이 얼마나 될까요? 산책로 입구에서 출구까지의 길이와 산책로의 폭을 재 보면, 숲에서 차지하는 면적을 간단하게 확인할 수 있어요. 가령 입구에서 출구까지 길이가 2,000m이고 폭이 1m라고 한다면, 산책로의 총면적은 자그마치 2,000m²나 되는 셈이에요. 국제규격 축구장의 절반 정도에 해당하는 면적이지요. 산책로는 오랫동안 사람들의 발길에 단단하게 다져진 결과, 풀과 나무가 잘 자라지 못하는 땅으로 변한 상태예요. 이런 길이 한 곳이 아니라 작은 산 곳곳에 만들어진다면, 그곳의 생태계는 신음할 수밖에 없겠지요.

두 번째는 작은 산 곳곳에 무분별하게 설치된 운동 시설을 들 수 있습니다. 작은 산에서 쉽게 볼 수 있는 운동 시설로는 배드민턴장, 철봉, 평행봉, 윗몸일으키기 기구 등이 있지요. 요즘은 다양한 운동 기구가 한 묶음으로 설치되는 경우도 많아요. 그런데 운동 시설을 설치하려면 기존의 풀과 나무를 잘라내고 땅을 평평하게 다져야 한답니다. 그만큼 숲의 면적은 줄어들겠지요.

산에서 할 수 있는 가장 좋은 운동은 걷기라고 생각해요. 운동은 사뿐사뿐 걷는 것으로 대신하고, 운동 시설이 차지한 공간은 다시 숲으로 돌려주면 어떨까요? 그 일이 힘들다면 운동 시설을 이곳저곳에 설치하는 대신, 한곳에 집중적으로 설치하는 것도 숲을 보호하는 방법일 듯합니다.

지금은 많이 사라졌지만, 인가 주변의 불법 텃밭도 문제가 되곤했지요. 텃밭을 만들려면 역시 풀과 나무를 베어내고 평평하게 땅을 다듬어야만 합니다. 게다가 음지에서는 푸성귀를 키울 수 없다 보니, 그늘을 드리우는 주변의 큰 나무를 죽이는 일도 있어요. 텃밭을 가꾸고 싶다면, 작은 산이 아니라 인가 주변의 공터나 옥상을 이용하면 좋겠어요. 지금 작은 산에 있는 텃밭은 숲으로 되돌리고요.

아, 쓰레기 문제도 빼놓을 수 없군요. 이전보다는 환경 의식이 상당히 높아져서 쓰레기를 함부로 버리는 사람이 많이 줄긴 했으나, 숲을 걷다 보면 여전히 버려진 음료수병이나 과자봉지 등을 볼 수 있습니다. 음식물쓰레기를 산에 갖다 버리는 사람들도 있지요. 음식물쓰레기가 퇴비가 되어, 나무가 자라는 데 도움을 준다고 생각하는 것 같아요.

퇴비는 음식물 등 유기물 쓰레기를 일정 기간 특정한 방법으로 발효시킨 물질이에요. 퇴비가 아닌 음식물쓰레기는 오히려 나무에 해로워요. 과일 쓰레기도 버리면 안 된답니다. 특히 과일 씨앗을 산에 버리는 행위는 절대로 해서는 안 돼요. 숲 산책로 주변에서 양다래(키위), 수박, 참외, 감나무 등이 자라는 모습을 본 적이 있어요. 탐방객이 간식으로 가져온 과일을 먹고 쓰레기를 버렸는데, 그 속의 씨앗이 발아하여 자란 것이지요. 숲의 입장에서는 이상한 식물이 침입한 격인데, 그런 일이 반복되면 숲이 혼란을 느끼게 돼요. 그 모든 것이 숲 생태계를 교란할 수 있습니다.

무엇보다 숲을 위협하는 가장 큰 요인은 무분별한 개발일 거예요. 도로를 개설하기 위해 산을 쪼개거나 터널을 뚫는 경우, 사용자의 편의를 위해 정상부까지 데크를 깔아 새로운 산책로를 만드는 경우, 인접 지역에서 택지를 개발하며 숲 가장자리를 훼손하는 등의 사례가 있지요.

그런 요인들이 아니더라도, 도시의 작은 산은 근본적인 어려움을 겪고 있어요. 도시 지역은 물이 원활하게 순환되지 않아서, 시골 지역보다 건조한 특성이 있답니다. 땅이 대부분 포장되어 있기 때문에, 빗물이 땅속으로 스며들어 지하수가 되지 못해요. 그러다 보니 땅속에 나무들이 이용할 만한 물이 부족하게 되지요. 우리가 도시의 숲을 걷다 보면 매우 건조하다는 느낌을 받는 이유이기도 합니다. 또한 도시에서 발생하는 분진이나 대기 오염 물질도 숲에 영향을 미친답니다. 숲에 미치는 영향을 최소한으로 줄이기 위한 노력이 필요해요.

오늘부터라도 도시의 작은 산을 자주 방문해 자연과의 만남을 마음껏 즐기길 바랍니다. 숲에 사는 다양한 생명을 만나 보고, 그들이 처한 사정을 자세히 들어 보면 좋겠네요.

도시를 가로질러 흐르는 하천에 버들치가 살아요!

하천 또한 쉽게 접할 수 있는 도시의 자연 가운데 하나입니다. 하천은 평지나 골짜기에 흐르는 물길을 말해요. 땅은 높낮이가 있어서, 비가 내리면 가장 낮은 곳으로 모여 흘러가는 특성이 있어요. 게다가 지하수보다 낮은 곳에 지하수가 흘러 들어가 물길이 만들어지기도 해요. 그렇게 형성된 물길에는 항상 물이 존재하기에 수많은 생명이 깃들어 살게 되지요. 물은 모든 생명의 근원이므로, 하천에는 생각보다 많은 생명이 있습니다. 물고기가 대표적이에요.

어떤 사람은 물고기라는 이름이 너무 폭력적이라고 말합니다. 물고기란 물에 사는 고기라는 뜻이잖아요. 물고기의 가치가 사람들에게 먹히는 고기라는 데 있느냐며, 새로운 이름을 붙여 주자고 주장하지요. 예를 들면 물고기 대신 '물살이'라고 부르자는 식이에요. 여러분 생각은 어떤가요? 아직은 그 이름이 생소하니 여기서는 일단 물고기라고 부를게요.

물고기 또한 기후, 지형, 온도, 하천의 물리적 성질, 인간의 간섭 정도에 영향을 받아서, 지역마다 서식하는 종류와 개체수가 달라요. 서울처럼 고도로 인공화된 지역의 하천에도 물고기가 살고 있을까요? 도시 하천의 대표 격인 서울 청계천을 한번 살펴볼게요.

2022년 조사 자료에 의하면 끄리, 긴몰개, 가시납지리, 버들매치, 돌고기, 참붕어, 잉어, 누치, 참갈겨니, 밀어, 버들치, 붕어, 미꾸리, 피라미, 송사리 등 21종의 어류가 살고 있다고 합니다. 대단하지요? 다른 생물도 그런 경우가 많은데, 물고기에는 생소한 이름이 정말 많아요. 저는 버들치에 정감이 가요. 가까이서 눈으로 직접 보기도 했답니다. 제가 보기에 작은 물고기들은 모두 귀엽고 신기하기만 해요.

버들치는 몸길이가 10~15cm 정도 되는 작은 물고기예요. 온몸에 자잘하고 검은 점이 많이 있지요. 주둥이부터 꼬리지느러미까지 검은 띠 하나가 쭉 있어서, 생각보다 쉽게 알아볼 수 있답니다. 이름을 왜 버들치라고 했을까요? 버드나무의 잎처럼 생겨서 그런 이름이 붙었다는군요. 물가에서 잘 자라는 버드나무 있잖아요. 그 버드나무 잎이 길쭉하게 생겼거든요. 버들치의 생김새가 그 잎처럼 길쭉하다는 거지요. 또 어떤 사람들은 이렇게 생각하기도 해요. 하천 옆에 버드나무가 자라면 그늘을 드리우는데, 더운 날에는 버드나무 그늘에 그 물고기들이 모여들어서 버들치라고 불리게 되었다는 거예요. 일리 있는 생각이에요. 또 사람 발길이 뜸한 산골짜기에서 스님들과 같이 산다고 해서 '중태기'라고 부르기도 한다네요.

버들치는 주로 맑은 물이 흐르는 냇물에 사는데, 약간 오염된 물에서 사는 것들도 있어요. 버들치는 혼자 다니지 않아요. 수십 마리가 떼를 지어서 줄줄이 헤엄치며 다니지요. 작은 물고기들이 천적을 방어하기 위한 방법이라고 볼 수 있어요. 자연을 가만히 들여다보면, 확실히 경쟁하는 모습보다 협동하는 모습이 더 많은 것 같아요. 버들치는 겁이 많나 봐요. 무엇에 놀라면 후다닥 흩어져서 가랑잎이나 돌 밑에 숨었다가, 잠잠해지면 하나둘 다시 모여들어요. 그래서 가까이 가서 관찰하기가 쉽지 않지요. 이때는 멀찌감치 약간 거리를 두고 쌍안경으로 바라보는 것도 방법이 되겠네요.

버들치는 돌 틈이나 가랑잎을 주둥이로 뒤적거리며 먹이를 찾아 먹습니다. 하루살이 애벌레, 깔따구 애벌레, 옆새우를 잡아먹고, 가끔 물에 떨어진 날벌레도 잡아먹지요. 그리고 돌에 붙어사는 돌말도 먹는다고 해요. 물고기도 채식하는 아이, 육식하는 아이, 가리지 않고 먹는 아이가 있는데, 버들치는 가리지 않고 먹는 쪽이라고 보면 되겠네요.

인공수조에서 헤엄치고 있는 버들치 무리

그런데 맑고 깨끗한 하천에 사는 버들치가 청계천에도 살고 있다니, 조금 의아할 수도 있겠어요. 청계천은 오랫동안 복개되어 훼손되어 있던 생태계를 복원한 하천입니다. 하지만 하류 일부 구간만 복원한 상태고, 여전히 주변 환경은 고밀도로 개발된 지역이에요. 따라서 하천 생태계가 완벽하게 복원되었다고 할 수는 없답니다.

그런 청계천에 버들치가 살 수 있는 것은 지하수와 정화한 한강 물을 끌어와 인위적으로 흘려보내기 때문이에요. 도시 하천을 건강하게 유지하기 위해서는 생각보다 신경 쓰고 고려해야 하는 부분이 많음을 알 수 있지요. 그럼에도 도시 하천은 도시민이 자연을 접할 수 있는 소중한 공간이랍니다.

도시 하천에서는 버들치보다 잉어를 만날 가능성이 높겠네요. 버들치보다 잉어를 아는 사람이 더 많을 것도 같고요. 잉어는 몸길이가 30~100cm쯤 되는 덩치가 매우 큰 물고기예요. 아주 큰 것은 1m가 넘기도 하지요. 몸이 통통하고 옆으로 조금 납작한 편이에요. 붕어와 닮았지만, 잉어 주둥이에는 수염이 나 있기 때문에 둘을 구분할 수 있습니다.

잉어는 저수지처럼 물이 정체된 곳에도 살고, 물이 흐르는 하천에도 살아요. 물풀도 먹고 작은 게와 어린 물고기도 잡아먹지요. 주둥이로 진흙을 들쑤셔서 벌레가 나오면, 입술을 나팔처럼 쑥 내밀고 재빨리 먹이를 삼키는 모습을 볼 수 있어요. 겨울이 되면 하천의 깊은 곳에 모여들어 꼼짝하지 않고 지내다가, 봄 산란철이 되면 일제히 얕은 곳으로 이동해 알을 낳으며 물풀에 붙여 놓습니다.

잉어는 옛날부터 일부러 기르기도 했답니다. 몸이 허약한 사람이나 아기를 낳은 산모에게 잉어를 푹 고아 먹이면 보양이 되었기 때문이에요. 또 가까이 두고 보기 위해 연못에 놓아 기르기도 했지요. 그래서 지금도 유원지나 관광지 연못에 가면, 유유히 헤엄치는 잉어류를 쉽게 발견할 수 있어요. 잉어는 30년 넘게 산다고도 해요. 이런 여러 가지 특성 때문에, 잉어가 등장하는 옛이야기가 그렇게 많은가 봅니다.

참, 새를 빼놓을 뻔했네요. 하천의 터줏대감에는 새들도 있어요.

앞에서 말한 조사 자료에 따르면, 청계천에서는 다음과 같은 새들이 관찰된다고 합니다. 논병아리, 왜가리, 붉은머리오목눈이, 청둥오리, 흰뺨검둥오리, 쇠오리, 직박구리, 고방오리, 해오라기, 넓적부리, 물총새, 백할미새, 쇠백로, 괭이갈매기, 황조롱이를 포함하여 41종이나 되는군요. 도시 하천에 나가 새들도 만나 보면 어떨까요?

하지만 도시의 하천에도 생태계를 위협하는 다양한 요인이 있습니다. 도시 하천을 위협하는 요소들을 살펴보려면, 우리나라 강과 하천이 지닌 특징부터 알아야 해요. 우선 하천이 흘러가는 길을 보면 구불구불해요. 이것은 전 세계 모든 자연 하천의 특징이기도 한데요. 물은 단단한 암반을 만나면 휘돌아 가고, 약한 지점을 만나면 그곳을 깎아내면서 흘러갑니다. 그러다 보니 자연스럽게 구불구불 흘러가는 형태를 띠게 되지요. 그 모습을 뱀이 기어가는 것에 빗대어 사행하천(蛇行下川)이라고 합니다.

우리나라 하천의 또 다른 특징은 물이 풍부할 때와 부족할 때의 차이가 엄청 크다는 점이에요. 이것은 우리나라의 기후 조건과 관련이 있답니다. 여름 장마철에는 엄청나게 많은 빗물이 하천을 통해 흘러가고, 겨울부터 늦봄까지는 가뭄 때문에 하천이 바닥을 드러낼 정도예요. 그래서 하천의 물을 관리하기가 다른 나라보다 어렵습니다.

마지막으로, 우리나라에는 모래 하천이 발달해 있다는 점을 들 수 있어요. 산에서 쓸려 내려온 모래 성분은 하천 바닥에 계속 퇴적

되거든요. 그래서 하천의 가장자리와 중앙에 모래톱이 넓게 발달한 모습을 쉽게 볼 수 있어요. 특히 가물 때는 모래사장이 아주 넓게 펼쳐지고, 그 사이사이로 물이 흘러가는 장관을 연출하지요. 대표적인 하천으로는 경북 예천의 내성천을 들 수 있는데요, 전 세계에 자랑하기에 손색없는 모래 하천이랍니다.

자연 하천과 비교했을 때, 도시의 하천은 많은 부분이 변형되었어요. 우선 도시 하천은 일직선으로 흘러가는 경우가 많습니다. 도시 개발에 필요한 땅을 확보하기 위해 물길을 반듯하게 만들고, 도시에 내리는 빗물을 빠르게 바다로 빼내기 위해 일직선으로 물길을 편 것이지요.

또한 자연 하천은 물이 상류에서 하류까지 어떤 방해도 받지 않고 흘러가지만, 도시 하천을 포함한 상당수의 하천들은 댐과 보 등의 물 저장시설 때문에 흐름이 원활하지 않아요. 그러면 상류와 하류를 이동하는 물고기들은 어려움을 겪게 되지요. 바다와 하천을 오가는 회유성 물고기들이 특히 큰 피해를 봅니다. 물 흐름이 정체되면 물속 오염물질의 농도가 높아져 녹조가 자주 발생하는 문제도 생기지요. 상류에서 하류 방향뿐만 아니라 물길에서 육지 방향으로도 연결되어야 건강한 하천이라고 할 수 있어요. 지금의 하천들은 자연 하천과 달리, 대부분 포장된 자동차 도로와 주택가로 인해 연결이 끊어졌답니다.

하천 바로 옆에 있는 둔치도 자전거도로나 주차장, 운동장 등으로 변해 버렸지요. 원래 하천 바로 옆 공간은 홍수터라고 부르는 곳으로, 비가 많이 내리면 물이 차올랐다가 물이 빠지면 습지로 변해 다양한 생물에게 보금자리를 제공하는 공간이었어요. 그런 곳이 인간만을 위한 공간으로 변해 버린 것이지요. 그러니 생물다양성이 예전보다 줄어들 수밖에요. 이것이 도시 하천의 현실입니다.

그럼에도 도시에서 생명을 만나고 자연을 접할 수 있는 공간으로 하천만 한 곳이 없답니다. 우리 주변의 생명이 어떻게 살아가는지 호기심을 갖고, 동네 하천을 자주 방문해 보면 좋겠어요.

도시 하천의 모습(부천 심곡천)

도시 습지에 큰산개구리가 살아요!

습지도 자연을 만날 수 있는 훌륭한 장소 가운데 하나입니다. 습지란 한 해의 일정 기간 이상 물에 잠겨 있거나 젖어 있는 공간을 말해요. 넓게 정의하면 민물, 바닷물 또는 민물과 바닷물이 영구적으로나 일시적으로 그 표면을 덮고 있는 곳은 모두 습지라고 할 수 있어요. 심지어 수심이 6m를 넘지 않는 바닷가도 모두 습지에 포함해요. 논도 습지고, 갯벌도 습지라고 볼 수 있답니다. 이런 습지는 크게 내륙습지와 연안습지로 나눌 수 있어요.

습지는 물과 땅이 적절히 조화된 공간이라 생물다양성이 높은 특징이 있습니다. 그래서 습지를 방문하면, 다양한 물속 생물과 습지식물 그리고 새들을 만날 수 있지요. 그러니 내가 사는 주변에 습지가 있다면 축복받은 것이라고 생각해야 해요.

습지의 기능과 역할에 대해 알아볼까요? 습지를 두고 '자연의 정화조' 혹은 '자연의 콩팥'이라는 비유를 하곤 합니다. 정화조나 콩팥은 모두 오염물질을 정화하는 능력을 상징하지요. 습지가 주로 낮은 곳에 있다 보니, 인위적인 오염물들이 자연스레 습지에 모이게 됩니다. 오염물질은 어떤 생명에게는 영양분이 되어 주지요. 습지에 사는 다양한 생물들은 그런 영양분을 활용하면서, 결국 오염물질을 정화하는 역할을 해 줍니다.

습지는 '스펀지'라고도 해요. 스펀지처럼 물을 쭉 빨아들여 머금는

서울시 강동구에 있는 '둔촌동 습지'

성질 때문이지요. 습지는 비가 많이 오면 일시적으로 물을 저장하여, 홍수를 완충하고 방지하는 역할을 합니다. 저장한 빗물을 지하로 천천히 침투시켜, 지하수를 보충하는 데 큰 도움을 주기도 하지요. 습지의 진가는 가뭄이 심할 때 알 수 있습니다. 물을 구하지 못해 목이 마른 많은 생명들이 습지를 찾아와 목마름을 해소하거든요.

습지는 '지하 창고'입니다. 창고에 물건을 저장하듯이, 습지에 온실가스를 차곡차곡 저장하여 온실효과 방지에도 큰 역할을 하지요. 갯벌을 포함한 많은 습지들이 대기 중의 이산화탄소를 흡수하고 저장하는 역할을 합니다. 다시 말해, 습지는 커다란 온실가스 저장소입니다.

습지는 '편의점'입니다. 편의점에 가 보면 신기하게도 생활에 필요한 다양한 물건들이 다 진열되어 있잖아요. 습지는 식물, 동물, 곤충, 양서류, 조류 등 다양한 생명의 보금자리입니다. 물과 뭍이 어우러지고 다양한 유기물이 모여드는 특성으로, 생산성이 높은 공간이에요. 그러니 다양한 생물을 부양할 수 있지요. 생물다양성 보전을 위해 습지가 필요한 이유입니다.

마지막으로 습지는 '반도체'입니다. 반도체는 대표적인 고부가가치 상품입니다. 앞서 말한 습지의 콩팥, 스펀지, 창고, 편의점 등의 기능을 경제적 측면에서 보았을 때, 그 가치가 매우 높다는 은유적 표현이지요.

습지를 방문하면 개구리를 꼭 만나 보세요. 여러 개구리들이 있지만, 그중에서도 큰산개구리라고 불리는 녀석을 꼭 만나 봤으면 합니다. 산개구리 종류에는 큰산개구리, 계곡산개구리, 한국산개구리 3종이 있는데, 모두 이른봄에 겨울잠을 깨고 나와 계곡물이나 논 습지 등에 알을 낳아요.

산개구리 종류는 이름에서 알 수 있듯이 산에 사는 개구리입니다. 산의 계곡부와 인접한 들판의 습지 등을 오가며 살아가는 개구리이지요. 큰산개구리는 절기의 하나인 경칩(3월 6일경)과 인연이 있어요. 경칩에는 개구리가 겨울잠을 깨고 나와 운다고 하는데, 이때의 개구리가 바로 큰산개구리랍니다. 울음소리가 '호로로롱, 호로로롱'처럼 들려요. 큰산개구리 수

큰산개구리

십 마리가 모여 한꺼번에 내는 울음소리를 듣게 되는 행운을 누려보길 바랍니다.

큰산개구리는 갈색개구리, 식용개구리라고 부르기도 해요. '갈색'은 개구리의 색깔에서, '식용'은 개구리의 쓰임에서 따온 말이지요. 먹을 게 부족했던 옛날에는 이른봄에 겨울잠을 자고 있는 개구리를 잡아먹기도 했어요. 큰산개구리는 물속 바위틈 등에서 겨울잠을 자는데요. 동네 청년들이 마음을 독하게 먹고, 큰 망치를 든 채 아직 차가운 냇물에 들어갑니다. 개구리가 있을 법한 곳에 도착하면, 물속의 바위를 큰 망치로 내려치지요. 그러면 바위 밑에서 겨울잠을 자던 개구리들이 기절해 떠오른답니다.

그 정도는 약과예요. 욕심이 지나친 사람은 자동차 배터리로 개구리를 사냥하기도 했다는군요. 물에 전기를 흘려보내면, 근방의 개구리들이 감전되어 물 위로 떠오르거든요. 먹을거리가 부족하고 개구

리가 많았던 옛날에야 허용되는 행위였지만, 지금은 모두 불법입니다. 생물이 사라지는 이유에는 동물을 함부로 마구 잡는 '남획'이 있다는 사실을 잊지 말기 바랍니다.

인류 역사를 보면, 오랫동안 습지는 수난을 겪어 왔습니다. 공장을 짓겠다는 목적으로, 식량을 증산한다는 명목으로, 경관을 향상하고 위생을 개선하겠다는 등의 다양한 이유로 수많은 습지가 매립되어 사라졌지요. 도시의 경우는 더욱 심합니다. 엄청나게 많은 도시가 습지를 메꾸고 그 위에서 성장해 왔어요. 그나마 남아 있는 자투리 습지도 방치되기 일쑤였고요.

습지는 보통 지형적으로 낮은 곳에 위치하는 경우가 많습니다. 도시에서 버려지는 쓰레기들이 모여들기 딱 좋은 조건이지요. 그래서 한번 방치되면 너무 쉽고 빠르게 쓰레기장으로 변해 버린답니다. 습지생태계가 균형을 잃으면, 모기 등 인간을 괴롭히는 곤충들이 대량으로 발생하기도 해요. 그러면 습지에 대한 인식이 더욱 나빠지고, 별다른 반대 없이 습지는 매립될 운명에 처합니다. 사유지에 있는 경우라면, 습지를 보전하기란 더욱 어렵게 되지요.

하지만 이젠 상황이 바뀌었습니다. 여러 연구를 통해 습지의 중요성이 알려지면서, 지금은 도시의 습지를 적극적으로 보전하고 있어요. 심지어 사라진 습지를 복원하거나, 새로운 습지를 만들기도 하지요. 자연을 접하고 싶다면 가까운 습지를 방문해 보면 어떨까요? 놀라운 모습을 지닌 습지를 충분히 즐겨 보는 거예요.

쌩쌩 달리는 자동차 도로 옆에 가로수가 살아요!

자연을 접하기 어려운 도시에서는 가로수 또한 주요한 자연 공간이라고 할 수 있습니다. 가로수란 도로 주변에 7~8m쯤 되는 일정한 거리마다 심은 나무를 말합니다.

가로수가 서 있는 공간은 생명이 살기에 아주 열악한 환경이에요. 일단 도로변에 있다 보니, 자동차에서 발생하는 각종 대기 오염 물질의 영향을 곧바로 받습니다. 또한 가로수는 가로와 세로가 각각 1m로, 면적이 $1m^2$가량 되는 좁은 공간에서 살아가지요. 그 부분에만 흙이 존재하고 나머지는 아스팔트와 보도블록 등으로 포장되어 있다 보니, 빗물과 영양분을 구하기도 쉽지 않습니다.

땅속도 열악하긴 마찬가지예요. 도로 방향으로는 빗물을 수집하고 내보내는 우수관거 및 통신선로, 도시가스관, 상수도관 등 다양한 기반 시설물이 묻혀 있거든요. 그래서 가로수가 뿌리를 넓고 깊게 펼치기가 어려워요. 생명이 살기에는 땅 위든 땅속이든 아주 열악한 조건이랍니다.

그렇다 보니 가로수로 적당한 나무가 그리 많지 않아요. 그런 척박한 환경에서도 잘 자라는 나무라야 가로수가 되지요. 병해충에도 강해야 합니다. 매일 출퇴근하는 길에서 수백 마리 벌레를 만나고 싶은 사람은 아무도 없을 거예요. 현재 가로수로 가장 많이 이용되는 나무들은 은행나무, 느티나무, 양버즘나무 등이에요. 모두들 그런 조건을 충족하는 나무이고, 그래서 특히나 고마운 나무들이랍니다.

참, 가로수에 필요한 조건이 하나 더 있군요. 키가 커야 한다는 것이지요. 키가 작으면 사람이나 자동차의 왕래에 방해가 되기 때문이에요. 그냥 키만 커서는 소용이 없고, 지하고가 높아야 해요. 지하고(枝下高)란 땅바닥에서 첫 가지가 나오는 지점까지의 높이를 말합니다.

전 느티나무가 참 좋아요. 보면 볼수록 멋있는 나무예요. 좋은 환경에서는 35m 이상으로 자라지요. 나뭇가지도 높은 곳에서 넓게 퍼지기 때문에, 아주 넓은 그늘을 만들어 주고 사람들의 왕래에도 지장을 주지 않는답니다.

예전에는 시골 마을에 가면, 마을 입구에 커다란 느티나무가 한 그루 서 있는 것이 일반적인 풍경이었지요. 나뭇가지가 만들어 내는 넉넉한 그늘에는 널찍한 평상이 놓여 있어서, 더위를 피해 모인 마을 사람들이 수박 한 통을 가운데 두고 이야기꽃을 피우곤 했습니다. 경제적으로 넉넉한 마을에서는 평상 대신 정자를 마련하기도 했지요. 그래서 느티나무를 정자나무라고 부르기도 해요.

제가 살던 동네에는 느티나무 가로수길이 있었습니다. 아주 오래전에 심은 나무들로, 대략 쉰 살쯤 되어 보였지요. 높이가 15m가량

되는 비슷한 크기의 느티나무들이 수백m를 한 줄로 늘어서서, 도로의 풍경을 만들어 냈어요. 겨울에는 겨울대로 봄에는 봄대로, 멋있는 경관을 연출했답니다.

하지만 뭐니 뭐니 해도 단연 으뜸은 가을의 느티나무였어요. 느티나무의 잎은 가을이 되면 노란색으로 단풍이 듭니다. 이름마저도 그런 특징을 반영했다고 하지요. '누렇다'의 '눌'이 '눈'으로 변하고, 여기에 나모가 더해져 '눈티나모'가 되었고, 이것이 누틔나모, 느틴나모, 느티나무 순으로 변했다는 거예요. 노란색으로 물든 나뭇잎을 가득

아름드리 느티나무

달고 있는 나무가 수백m 거리를 온통 채우고 있는 모습이라니, 상상 이상의 장관입니다.

대부분의 가로수는 뿌리 부분이 철판으로 덮여 있어요. 좁은 공간이지만 흙을 보호하기 위한 조치예요. 생각보다 사람들의 발길은 대단한 것이어서, 많은 사람들이 밟게 되면 흙은 콘크리트처럼 단단해집니다. 그런 흙에는 빗물이 스며들기 힘들고, 영양물질도 부족해지지요.

양버즘나무와 가로수 보호판 안에서 함께 살아가는 10여 종의 풀

하지만 그런 조그마한 땅덩어리에도 작은 풀들이 자리 잡고 살아간다는 사실을 알고 있나요? 제가 조사해 보니, 1m²도 되지 않는 그

조그마한 땅에 무려 10종 가까이 되는 풀들이 살고 있었어요. 그 모습을 보며, 자연은 효율적이고 낭비를 모르며 항상 부지런하다고 생각했지요.

기후위기로 더운 날이 늘어나면서, 가로수가 더욱 고맙다는 생각을 많이 합니다. 한낮에 거리를 걷는 사람들은 가능하면 가로수가 만들어 준 그늘을 찾아 길을 재촉합니다. 햇볕이 뜨거운 여름 한낮에는 그늘 안과 밖의 온도 차이가 무려 10℃ 이상 된다는 말도 있지요.

가로수는 도로를 질주하는 자동차로부터 사람을 보호하기도 하고, 대기 오염 물질을 걸러 주는 역할도 합니다. 가로수가 사람에게 주는 도움은 한둘이 아니지요. 차를 운전하는 사람들도 가로수가 있는 도로가 그렇지 않은 곳보다 운전하기 편하다고 말하더라고요.

한 줄이 아니라 두 줄로 심은 가로수는 제법 숲과 같은 느낌을 주기도 합니다. 게다가 큰 나무 사이에 중간 키와 작은 키의 나무를 함께 심으면, 자못 근사한 자연이 탄생하지요. 가로수를 잘만 관리하면, 새들과 곤충 그리고 작은 야생화들이 찾아오는 장소가 될 수 있어요. 가볍게 도시의 자연을 만나고 싶다면, 집 앞에 있는 가로수길을 걸어 보기 바랍니다.

도시공원에 박새가 살아요!

　도시에 있는 공원 또한 자연과 생명을 만날 수 있는 장소입니다. 도시공원이란 도시 지역에서 자연 경관을 보호하고, 시민의 건강과 휴양 및 정서 생활을 향상하기 위해 설치하거나 지정한 공간을 말합니다. 법에서는 국가도시공원, 생활권공원, 주제공원으로 나누고, 다시 생활권공원은 소공원, 어린이공원, 근린공원으로, 주제공원은 역사공원, 문화공원, 수변공원, 묘지공원, 체육공원, 도시농업공원, 방재공원 등으로 세분하여 조성 및 관리하고 있어요. 저는 도시공원을 보전형 공원과 평지형 공원으로 나누고 싶어요. 앞에서 이야기했던 작은 산은 보전형 공원에 가까워요. 새롭게 만들었다기보다는, 기존의 산림을 공원으로 지정했다고 보는 편이 맞을 거예요. 반면 평지형 공원은 아무것도 없던 공간에 나무를 심고 시설을 설치하여 공원으로 조성한 곳이라고 보면 됩니다.

　보전형 공원을 많이 늘리는 것도 좋은 일이에요. 하지만 조성형 공원을 계속 늘려 가면 참 좋겠어요. 자연의 공간이 계속 늘어나는 셈이므로, 삭막한 도시를 좀 더 자연 친화적인 공간으로 탈바꿈하는 데 도움이 되겠지요.

　어디든 좋습니다. 집 근처에 공원이 있다면 짬을 내어 자주 방문해 보세요. 공원에도 많은 생명이 살고 있답니다. 공원의 크기, 풀과 나무가 자라는 공간의 면적, 설치된 시설물의 많고 적음, 이용자의 밀도 등에 따라 공원에 사는 생물의 다양성과 종류는 달라지나, 최소 100종 이상의 생명을 만날 수 있을 거예요. 어느 공원을 방문하든, 직박구리나 박새와 같은 새를 만날 수 있을 겁니다. 귀를 쫑긋 세우고, 그들이 우는 소리를 한번 들어 보길 바랍니다.

박새라는 새를 알고 있나요? 아주 귀엽게 생긴 작은 새랍니다. 부리에서 꽁지 끝까지의 길이가 14cm 정도이니, 손바닥 안에 쏙 들어올 정도로 작네요. 무게는 500원짜리 동전과 비슷하다고 해요. 주로 산림에 서식하는 대표적인 새인데, 도심의 공원에서도 쉽게 관찰할 수 있어요.

박새는 부지런히 벌레를 잡아먹기 때문에, 숲에서 곤충이 대발생

견과류를 열심히 먹고 있는 쇠박새(위)와 박새(아래)

하지 않도록 조절하는 중요한 역할을 한답니다. 번식력이 뛰어나고 사람이 있는 환경에 비교적 잘 적응하는 편이라서, 아파트가 가득한 도시에서도 의외로 쉽게 볼 수 있어요. 박새와 비슷한 친척으로는 쇠박새, 진박새, 곤줄박이 등이 있습니다. 몸에 난 검은 줄무늬가 조금씩 다르게 생겼기 때문에, 야외에서 쌍안경으로 구분하는 재미가 쏠쏠해요.

박새는 자기 몸이 쏙 들어갈 만한 구멍이 있으면, 그게 무엇이든 자신의 둥지로 이용합니다. 주로 나무에 생긴 구멍, 바위틈 사이의 구멍 등을 사용하지요. 그렇지만 도시 숲에서는 그런 장소를 찾기가 힘들어서, 건물의 틈새나 전봇대 구멍, 우체통 등을 둥지로 삼기도 해요.

그런 박새의 딱한 사정을 알게 된 사람들이 나무로 둥지를 만들어서 나무에 걸어 놓는 활동을 하고 있어요. 안전하다 싶은 장소에 인공 새집을 달아 놓으면, 신기하게도 박새가 둥지로 사용한답니다. 박새는 그 둥지를 새끼를 키우는 장소로만 이용해요. 그래서 실제로 둥지를 이용하는 기간은 봄철 한때로, 길어야 한 달 반가량이랍니다.

우리 마을 공원에는 어떤 새들이 살고 있을까요? 자세히 관찰하고 목록을 만들어 보면 어떨까요? 박새가 살고 있다면, 박새를 위해 인공 새집을 달아 주는 활동도 해 보면 좋겠네요.

아파트 단지에 배추흰나비가 살아요!

　도시에서 가장 쉽게 자연을 접할 수 있는 장소를 꼽으라면 아파트 단지를 들고 싶습니다. 요즘 아파트는 일반적으로 주차장을 지하에 만들고, 지상부에는 넓은 녹지와 숲을 조성하지요. 아파트 전체 면적의 최소 30% 이상을 녹지로 만드는데, 자연을 희구하는 사람들의 심리를 반영한 결과라고 생각해요. 아파트를 역세권이냐, 학세권이냐로 따지고 값을 매기잖아요. 그런데 요새는 숲세권도 아파트의 가치를 결정하는 중요한 요소가 되었어요. 아파트 주변에 숲이 얼마나 많은지가 아파트의 가치를 결정하는 것이지요. 그래서 주변에 숲이 없는 입지에 들어서는 아파트는 더욱 단지 내에 녹지공간을 확보

아파트 단지 안에 있는 녹지공간

하기 위해 신경을 쓰고 있답니다.

국토교통부의 '주거실태조사'에 따르면, 2022년 우리나라 아파트는 전체 주거에서 51.9%를 차지합니다. 절반 이상의 사람들이 좋든 싫든 아파트라는 공간에서 살고 있다는 뜻이지요. 아파트 안에서 생물을 접할 수 있을까 생각하겠지만, 의외로 많은 생물을 만날 수 있답니다.

털부처꽃에 앉아 꿀을 빨고 있는 배추흰나비(출처: 생태보전시민모임)

우선 다양한 나무와 풀을 볼 수 있어요. 장담컨대, 아무리 적게 잡아도 최소 50종 이상의 식물을 볼 수 있을 거예요. 식물뿐만이 아니지요. 배추흰나비를 비롯한 다양한 나비와 잠자리, 무당벌레와 같은 곤충들도 볼 수 있어요. 심지어 새들도 생각보다 다양하게 만날 수 있답니다. 경기도 평택에 있는 한 아파트에서는 무려 70종의 새들이 관찰되기도 했고, 고양시에 있는 어느 아파트에서는 61종이나 되는 새들을 볼 수 있었다고 해요. 특히 주변에 산이 있는 아파트에서는 그렇지 않은 아파트보다 더 많은 생물을 발견할 수 있지요.

다시 한번 강조하지만, 우리 주변에 자연과 생물이 없는 것이 아니랍니다. 우리의 무관심이 그들을 '투명 생명'으로 만들 따름이지요. 잠시 짬을 내어 우리 주변의 자연과 생명을 접하는 기회를 누려보면 어떨까요? 그리고 그 자연이 좀 더 건강하게 우리와 함께 존재할 수 있도록 관심을 기울이면 좋겠어요.

2장

아낌없이 베푸는 자연

지구 돌보미, 생태계 서비스

생태계 서비스라는 말을 들어 본 적이 있나요? 예전에는 '아낌없이 주는 자연', '자연이 주는 혜택'이라고 표현하곤 했지요. 그 표현을 학술적으로 정의한 용어가 생태계 서비스라고 이해하면 좋겠어요.

자연은 우리에게 다양한 형태로 혜택을 주고 있습니다. 맑은 물, 깨끗한 공기, 집을 지을 수 있는 목재, 쌀, 보리, 콩, 기장, 조 등과 같은 먹거리, 병을 치료할 수 있는 약초 등 자연이 인간에게 베푸는 혜택은 끝이 없어요. 자연 속에서 휴식하고 예술적 영감을 얻는 활동마저 자연이 주는 혜택이라고 할 수 있겠지요. 자연이 제공하는 서비스는 자연생태계가 건강하게 잘 유지될수록 풍부해진답니다.

생태계 서비스는 일반적으로 공급 서비스, 조절 서비스, 문화 서비스, 지지 서비스의 네 가지로 크게 구분합니다. 그중 공급 서비스란 자연을 통해서 직접 얻는 식량, 용수, 목재, 의약 자원 등을 말해요. 대기질 조절, 수질 조절, 기후 조절, 침식 방지, 식물 수분 등은 생태계 과정의 조절에서 발생하는 조절 서비스입니다. 아름다운 경관, 자연 속 명상, 자연 체험학습, 생태관광 등은 문화 서비스에 속해요. 마지막으로 이런 세 가지 서비스 기능이 유지되게끔 뒷받침해 주는 생물다양성과 서식처 등을 지지 서비스라고 부릅니다.

날이 갈수록 생태계 서비스의 중요성이 높아지고 있어요. 그래서 과학자들은 생태계 서비스가 어느 정도인지를 정량화하고 경제적 가치로 환산하기 위해 다양한 연구를 하고 있지요. 단순히 생태계 서비스의 중요성을 이야기하는 것보다, 구체적인 수치를 보여 주고 경제적 가치가 어느 정도인지 금액으로 제시하면, 사람들을 설득하거나 정책을 만들고 추진하는 일이 훨씬 수월하거든요. 저야 물론 자연의 가치를 돈으로 환산하는 것이 마음에 들지 않지만, 요즘 사람들이 다른 무엇보다 경제적 가치를 중시하는 면이 있다는 걸 부정할 순 없겠지요.

우리나라는 생태계의 유형이 다양합니다. 그 가운데 산림의 공익적 가치는 약 126조 원(2014년 기준)이고, 갯벌의 공익적 가치는 약 16조 원(2013년 기준)에 달한다는 연구 결과가 있어요. 인구를 단순하게 5,000만 명으로 친다면, 우리나라 산림은 한 사람당 252만 원을 제공하고 있는 셈이에요. 그것도 산림이 사라지지 않는 한 매년 빠지지 않고 제공되지요.

개별 생물이 제공해 주는 생태계 서비스도 무시할 수 없답니다.

꿀벌을 한번 생각해 보자고요. 몇 년간 꿀벌이 실종된 사건으로 언론이 시끌시끌했던 것을 기억하나요? 기후변화와 농약 등의 문제 때문에 꿀벌 개체수가 급격하게 줄어들고, 벌집을 떠난 꿀벌들이 길을 잃고 집으로 돌아오지 못하는 일들이 곳곳에서 벌어지고 있어요.

꿀벌이 사라지면 어떻게 될까요? 꿀벌은 1kg의 꿀을 만들기 위해, 500만 송이의 꽃을 찾고 45만km를 이동한다고 해요. 꿀과 꽃가루를 얻기 위해 여러 식물로 이동하면서, 자연스럽게 털에 꽃가루를 묻혀 옮기는 역할을 합니다. 그렇게 해서 수분(受粉)이 된 식물들이 탐스러운 열매와 씨앗을 맺게 되는 것이지요.

우리가 좋아하는 과일 등 농작물의 약 1/3은 꿀벌과 같은 곤충들의 도움으로 수분을 하고 있어요. 그중 꿀벌이 약 80%를 차지하며 가장 큰 역할을 한답니다. 만약 벌이 없다면 꽃의 수분을 사람의 노동력으로 대체해야 할 텐데, 그게 과연 가능할까요. 어쨌든 지금처럼 싼값으로 과일 등의 농작물을 이용하기는 힘들어질 거예요.

자연의 도움이 없으면 굶어 죽어요!

보통 우리들 밥상에는 어떤 음식들이 올라오나요? 밥, 국 그리고 몇 가지 반찬이 되겠지요. 그 음식이 무엇으로 만들어졌고, 어디서 왔는지 생각해 보세요. 어제저녁에 뭘 먹었더라? 헤아려 보니 밥과 소고기뭇국, 멸치볶음, 김치, 고등어구이, 고추볶음 등이었네요. 그것들은 다 어디에서 왔을까요?

밥은 벼의 씨앗에서 왔고, 소고기뭇국은 소고기와 무가 주재료이니 소와 텃밭의 무에서 왔을 것이고, 멸치볶음의 멸치는 남해에서 고등어 역시 남해에서, 김치와 고추볶음은 텃밭의 배추와 고추에서 왔겠네요. 와, 음식 모두가 자연에서 온 것이로군요! 자연의 도움이 없다면 우리는 굶어 죽고 말 거예요.

지구상에는 38만 2,000종의 식물이 살고 있고, 그 가운데 20만 종이 식용할 수 있는 것이라고 추정해요. 다시 그중에서 7,000종가량이 재배되고, 또 그 가운데서 150종 정도가 대량으로 재배되고 있다고 하지요. 현재 식용 농산물의 66%가 쌀, 밀, 감자, 대두, 옥수수, 사탕수수, 기름야자 열매, 사탕무, 카사바로 단 9종에 속하며, 그중 옥수수, 밀, 쌀이 우리가 섭취하는 음식의 60%를 차지합니다.

우리의 먹을거리는 자연이 주는 대표적인 공급 서비스라는 사실을 꼭 기억해야겠네요. 그 서비스 덕에 우리 삶이 유지된다는 것을, 생물다양성이 높을 때 우리의 먹거리 공급도 안정적일 수 있다는 사실을 잊지 말아야 합니다.

자연의 도움이 없으면 아파 죽어요!

　여러분도 이가 아파 고생한 적이 있지요? 저는 엄청난 치통을 여러 번 경험했던지라, 진통제가 얼마나 고마운지 몰라요. 아스피린이라는 유명한 진통제가 있습니다. 지금은 다양한 진통제가 유통되는 세상이라 그나마 덜하지만, 제가 어렸을 때만 해도 '머리 아프고 열 날 땐 아스피린'이 상식으로 통했답니다.

　서양의학의 아버지라 불리는 고대 그리스의 의학자 히포크라테스는 임산부가 통증을 느낄 때면 버드나무 잎을 씹으라는 처방을 내렸다고 해요. 그런데 1853년에 와서, 버드나무 잎에 들어있는 '살리

버드나무 잎

실산'이라는 화학물질이 진통이나 열을 완화하는 효과가 있다는 사실이 밝혀졌지요.

그 살리실산 성분을 활용하여 인공적으로 합성한 물질이 바로 아스피린이에요. 1899년 독일 바이엘 사의 젊은 연구원인 펠릭스 호프만(Felix Hoffmann)이 아스피린을 처음으로 상용화했는데, 류머티즘 관절염을 심하게 앓고 있던 아버지의 고통을 덜어 주기 위해 진통제 개발에 나섰다고 해요.

말라리아 치료제 사례도 있지요. 1972년에 중국에서 투유유(屠呦呦)라는 약리학자가 오래전 문헌에 남아 있던 처방법에 기반하여 말라리아 치료제를 발견했어요. 베트남 전쟁 당시 투유유는 베트콩의 말라리아 치료에 도움을 주기 위해, 비밀 군사 프로젝트에 참여했지요. 베트콩의 사상자 가운데 절반 정도가 그 질병의 피해자였거든요. 서양의 의료 연구원들도 말라리아 문제를 해결하기 위해, 20만종이 넘는 화합물을 시험하고 분석했다고 합니다.

하지만 투유유는 고대 중국의 의료 문헌에 해법이 있을지도 모른다고 생각했어요. 그녀는 해열과 관련된 여러 식물을 실험했고, 노란 꽃을 피우는 약쑥을 기반으로 하는 치료제를 개발하게 되었지요. '아르테미시닌'이라는 약인데, 그 약 덕분으로 수백만 명이 목숨을 구했답니다. 투유유는 그 공로를 인정받아서, 2015년에 노벨생리의학상을 수상했어요.

은행나무 잎에서 추출한 성분으로 만든 '징코민', 주목에서 추출한 성분으로 만든 '택솔'의 사례도 있습니다. 징코민은 혈액 순환제로, 택솔은 세포분열을 강하게 억제하기 때문에 항암 목적으로 사용되고 있지요.

은행나무 잎

느릅나무 껍질도 약재로 쓰입니다. 예전에 가끔 조사 목적으로 깊은 산속을 다닐 때가 있었어요. 그런 제게 어떤 분이 혹시 느릅나무 껍질을 구해 줄 수 없겠냐며 부탁을 하시더군요. 느릅나무 껍질이 몸속의 노폐물 배출을 촉진하고 위장의 열을 없애며 부기를 가라앉

히는 효과가 있는데, 깊은 산속에 있는 느릅나무가 더 좋으리라고 생각하신 것이지요.

마침 스키장 건설로 공사가 진행 중인 강원도 어느 깊은 산에 답사할 기회가 있어서, 혹시 주변에 느릅나무 종류가 없는지 눈여겨봤습니다. 그런데 이게 웬일입니까. 공사로 이미 베어진 느릅나무를 찾긴 했는데, 누군가가 이미 껍질을 싹 벗겨 갔더군요. 느릅나무 껍질의 약효가 그렇게 좋은가 싶으면서도, 한편으로는 그런 무분별한 개발과 남용으로 식물들이 사라질 수 있겠다는 생각에 걱정을 많이 했답니다.

지금까지 말한 것 말고도, 자연에서 의약품과 치료제를 얻은 사례는 무궁무진합니다. 특히나 동양의학에서는 자연의 여러 소재를 병을 치료하고 건강을 돌보는 약재로 적극 활용했어요. 어렸을 때 병약한 편이었던지라 한약을 자주 먹었거든요. 탕약 냄새가 아직도 생생하게 느껴지네요. 바싹 말린 다양한 식물의 잎, 줄기, 뿌리, 버섯 등을 물과 함께 약탕관에 넣고 달여 마셨는데, 달고 쓴 맛이 동시에 느껴졌지요. 그나마 심각한 병치레 없이 지금까지 건강을 유지하고 있는 건 자연이 제공해 준 서비스 덕이겠지요?

자연의 도움이 없으면 추워 죽어요!

자연은 인류에게 에너지를 선물합니다. 에너지는 일을 할 수 있는 능력을 말해요. 수많은 기술로 세계 경제를 돌아가게 하려면 에너지가 필요합니다. 에너지가 없다면 공장을 가동하는 일도 불가능하겠지요.

이동을 하기 위해서도 에너지가 필요합니다. 우리를 깨워 주는 알람 시계도 작동하려면 에너지가 필요하고, 노트북이나 스마트폰과 같은 문명의 이기도 에너지가 없다면 사용할 수 없습니다. 더울 때 이용하는 냉방시설과 추울 때 꼭 필요한 난방시설에도 에너지가 들어가지요. 우리는 날이 갈수록 점점 더 많은 에너지를 소비하고 있습니다.

우리 몸도 움직이고 일을 하려면 에너지가 필요합니다. 그 에너지는 음식물 섭취를 통해 확보할 수 있지요. 음식물은 자연에서 옵니다. 사람만이 아니라 살아 있는 유기체는 모두 에너지가 필요하답니다. 살아 있는 생물은 에너지를 얻고 전환하고 저장하는 나름의 방법을 터득해 왔지요. 우리 인간은 그 혜택을 다양한 방식으로 누리고 있습니다.

세계 경제를 움직이는 에너지의 핵심 원천은 석유, 석탄, 천연가스입니다. 이들을 화석에너지라고 통칭해요. 과거 생존했던 동식물의 잔재이기 때문이지요. 식물의 사체가 오랜 세월 고온과 고압의 영향을 받아 변형된 것이 석탄입니다. 또 동물의 사체가 오랫동안 고온과 고압의 영향을 받아 생성된 것이 바로 석유와 천연가스이지요.

우리는 그처럼 자연에서 캐온 생물의 흔적으로 에너지를 만들고, 그 에너지로 지금과 같은 물질문명을 이룩했습니다. 에너지는 자연이 주는 엄청난 혜택이라고 할 수 있겠군요.

그런데 인류가 화석에너지를 과도하게 사용하면서, 지구 생태계에 문제가 생기고 있습니다. 화석에너지는 생물의 잔재이므로, 기본적으로 탄소가 주요 구성 원소입니다. 탄소는 온실가스이지요. 대량으로 화석에너지를 사용하는 과정에서 엄청난 양의 온실가스가 대기 중으로 방출되었고, 그처럼 대량으로 방출된 온실가스는 온실효과를 일으켜 지구의 평균온도를 상승시키고 있습니다.

그래서 에너지 전환이 중요한 화두로 떠올랐습니다. 온실가스를 배출하지 않는 에너지로 전환해야 한다는 목소리가 커진 것이지요. 그런데 막상 그 에너지조차 자연에서 얻고 있습니다. 바로 태양, 바람, 파도, 지열, 물에서 오는 에너지이지요. 우리는 이를 재생에너지라고 불러요. 인류는 어쩔 수 없이 자연의 도움 없이는 단 한 발짝도 전진할 수 없는 존재입니다. 자연은 정말 아낌없이 내줍니다.

'황금알을 낳는 거위'

우화, 동화, 그림책에는 짧고 간결한 내용임에도 불구하고 이야기의 울림이 너무 커서, 두고두고 곱씹어 보게 되는 책들이 있어요. 저에게는 『황금알을 낳는 거위』, 『아낌없이 주는 나무』, 『강아지똥』이 그런 책입니다. 책을 읽고 나면, 아낌없이 베푸는 자연, 지속 가능성, 모든 생명의 존귀함, 인간의 탐욕과 어리석음에 대해 많은 생각을 하게 되지요.

이솝의 『황금알을 낳는 거위』라는 우화를 읽어 본 적이 있나요? 들어 본 적은요? 이솝(Aesop)은 고대 그리스의 우화 작가로 여겨지는 인물입니다. 우화란 인격화한 동식물이나 기타 사물을 주인공으로 등장시켜, 그들의 행동으로 풍자와 교훈의 뜻을 전해 주는 이야기예요.

여러 이야기 가운데 『황금알을 낳는 거위』를 좋아하는데, 자연이 주는 혜택을 거위가 매일 선사하는 황금알로 잘 표현했다고 생각하기 때문이에요. 게다가 요즘 유행인 '지속 가능성'을 매우 직접적으로 이해할 수 있는 내용이기도 하고요. 이 우화는 자연을 어떻게 대해야 하는지를 뚜렷하게 보여 줍니다. 적당한 한계 내에서 자연을 이용하면 자연의 풍요로움을 지속적으로 누릴 수 있지만, 탐욕을 부리면 영원할 것 같았던 자연의 베풂도 사라지고 말리라는 메시지를 전하고 있지요.

이야기의 줄거리는 이렇습니다. 노부부가 사는 집에 황금알을 낳는 거위가 있었습니다. 노부부는 거위가 낳은 황금알을 팔아서 여유 있는 삶을 유지할 수 있었어요. 매일 진수성찬은 아니더라도 배를 곯는 일은 없었고, 가끔은 맛있는 음식을 사 먹을 수도 있었지요. 고대광실은 아니지만 겨울에는 따뜻하고 여름에는 시원한, 무엇보다 비가 새지 않는 집에서 살 수도 있었어요. 필요하면 좋은 옷도 해 입을 수 있을 정도의 능력을 황금알이 가져다주었답니다.

그러던 어느 날, 부부는 거위를 보며 생각했어요. '저 배에는 아마 황금이 가득 차 있을 거야! 저 속에 들어 있는 황금알을 한꺼번에 차지한다면 얼마나 좋을까. 그러면 지금보다 더 좋은 집에서 매일매일 배가 터지도록 맛있는 걸 먹으며 금으로 치장한 옷을 입고 살 수 있겠지!' 한마디로 탐욕을 부린 것이지요. 거위의 배를 가르기로 의기투합한 부부는 잔인하게 거위를 죽여 버립니다.

하지만 그들의 예상과는 달리, 거위의 배 속은 일반 거위와 다름

없었어요. 배 속에 황금알 따위는 없었던 거예요. 아뿔싸! 부부는 때늦은 후회를 했지만, 이미 거위는 죽어 버린 후였지요. 그렇게 황금알을 낳는 거위를 잃어버린 노부부는 다시 가난하게 살게 되었습니다.

이 우화에서 노부부는 끝없이 탐욕을 부리는 우리의 모습이고, 황금알을 낳는 거위는 아낌없이 베푸는 지구가 아닐까요? 우리가 지금 이만큼이라도 풍요를 누릴 수 있는 이유는 지구가 매일 제공하는 황금알 때문일 거예요. 이때 황금알은 석유일 수도, 우리의 식탁을 매일 채우는 물고기일 수도, 자동차를 만드는 재료인 철과 알루미늄일 수도 있겠지요.

지금 우리는 만족을 모른 채 더 많은 것들을 욕심내며, 거위의 배를 가르듯이 지구의 배를 가르고 있는 건 아닌지 모르겠습니다. 그런 일을 벌이고 있다면, 우리의 미래는 어떻게 될지 자못 궁금해지는군요. 노부부가 저질렀던 실수를 우리는 하지 않았으면 합니다.

'아낌없이 주는 나무'

　미국의 작가 셸 실버스타인(Shel Silverstein)의 『아낌없이 주는 나무』 또한 우리에게 잘 알려진 동화입니다. 나무와 소년 사이의 이야기를 다루고 있지요. 아낌없이 주는 나무는 바로 생태계 서비스를 상징해요. 나무는 어린 소년과의 행복한 시간을 소중히 여기며, 소년의 성장에 따라 필요한 것들을 아낌없이 제공합니다. 소년이 청년이 되어 돈이 필요할 때, 집을 짓고 싶을 때, 심지어 먼바다로 떠날 배가 필요할 때, 나무는 자신의 가지와 열매, 심지어는 몸통마저 제공하여 소년의 요구를 충족시키지요.

　세월이 흘러, 소년이 노인이 되어서 돌아옵니다. 그러자 나무는 더 이상 줄 것이 없음에도 불구하고, 그에게 마지막으로 나무 밑동을 쉴 곳으로 제공하지요. 그 순간, 나무는 소년에게 오랜 친구이자 영원한 안식처임을 증명합니다.

　가만히 생각해 봅니다. 나무는 자연이고, 나무가 내주는 모든 것이 바로 생태계 서비스입니다. 자연은 인간에게 아낌없이 모든 것을 베풉니다. 심지어 자신의 목숨까지도 내주지요. 죽은 후에도 나무는 쉴 수 있는 의자가 되어 인간에게 자신의 공간을 제공합니다.

나무가 인간에게 주는 생태계 서비스는 그야말로 무궁무진합니다. 사과와 같은 유실수는 우리에게 먹거리를 제공해요. 뜨거운 햇볕을 피할 수 있도록 그늘도 만들어 주지요. 나뭇잎은 오염물질을 흡수해서 공기를 깨끗하게 해 줍니다. 다양한 새와 곤충이 살 수 있는 장소도 제공해 주고요. 나무뿌리는 흙이 무너져 없어지는 일이 생기지 않게끔 해 주지요. 나무 아래서 책을 읽거나 쉬고 있노라면 마음이 편안해집니다.

그런데 말이에요. 『아낌없이 주는 나무』에서 나무의 목숨을 가져가지 않았다면 어땠을까요? 만약 몸통이 잘려 죽지 않았다면, 나무는 그 소년뿐 아니라 미래의 더 많은 소년과 소녀에게 자신이 가진 모든 것들을 끝없이 제공하지 않았을까요? 그게 못내 아쉬워요.

'강아지똥'

권정생 선생님이 쓰신 『강아지똥』이라는 그림책이 있어요. 개인적으로 아주 훌륭한 생태 동화라고 생각해요. 책 제목처럼 '강아지똥'이 주인공이랍니다.

돌이네 강아지인 흰둥이가 골목길에 똥을 누고 갔어요. 그 위를 날아가던 참새 한 마리가 똥을 콕콕 쪼아 보더니 더럽다며 날아가 버립니다. 강아지똥은 화도 나고 서러워서 눈물을 흘렸어요. 근데 참새뿐만 아니라 소달구지에서 떨어진 흙덩이마저도 강아지똥을 더럽다며 무시합니다. 강아지똥이 울음을 터뜨리자, 흙덩이는 강아지똥에게 더럽다고 한 말을 사과하고 격려해 주지요.

겨울이 가고 봄이 옵니다. 보슬보슬 봄비가 내리지요. 강아지똥 앞에 파란 민들레 싹이 돋아났어요. 민들레는 방실방실 빛나는 예쁜 꽃을 피울 수 있는데, 그러려면 강아지똥이 몸뚱이를 고스란히 녹여 민들레 속으로 들어와야 한다고 말합니다. 그래야만 별처럼 고운 꽃을 피울 수 있다면서요. 그 이야기를 들은 강아지똥은 크게 기뻐하며 민들레 싹을 힘껏 껴안았어요. 강아지똥은 민들레 싹의 이야기를 듣고, 자신이 민들레에게 꼭 필요한 존재라는 것을 알게 되었지요.

강아지똥은 사흘간 내리는 비를 온몸에 맞으며 자디잘게 부서졌어요. 부서진 채 땅속으로 스며 들어가 민들레 뿌리로 모여들었지요. 그런 후 강아지똥은 줄기를 타고 올라가 꽃봉오리를 맺습니다. 민들레 싹이 드디어 한 송이 아름다운 꽃으로 피어난 거예요. 꽃송이에는 귀여운 강아지똥의 사랑이 가득 어려 있었어요.

모두가 더럽다며 피하기만 하는 존재였던 강아지똥. 하지만 강아지똥은 자기도 누군가에게 도움이 될 수 있다는 사실에 기뻐하며, 스스로 몸을 쪼개서 거름이 되었습니다. 강아지똥의 몸을 쪼개는 눈물겨운 희생으로, 민들레는 예쁜 꽃 하나를 피울 수 있었던 거예요.

이 동화에서는 적지 않은 교훈을 얻을 수 있습니다. 이 세상의 모든 생명은 존재 자체만으로 귀합니다. 그리고 모든 생명은 하나같이 촘촘하게 짜인 생태계 안에서 나름대로 중요한 역할을 하지요. 무생물인 강아지 똥마저 다른 생명을 키워 내는 굉장히 중요한 역할을 합니다. 언뜻 보면, 강아지 똥이 인간에게 직접 주는 혜택은 없는 듯합니다. 하지만 강아지 똥이 없었다면 민들레는 잘 자라 꽃을 피워 내지 못했을 거예요.

민들레는 한의학에서 포공영(蒲公英)이라고 하여 소화제와 해열제로 쓰이고 있어요. 오래전부터 민들레차로 끓여 마시기도 했고요. 심지어 유럽에서는 뿌리를 볶아 가루로 만들어서, 커피 대용품으로 사용하기도 했다는군요. 식물 전체를 무쳐서 나물로 해 먹거나, 길게 자란 잎은 쌈 채소로 쓰기도 하지요. 쓴맛이 나지만, 고기와 같이 먹으면 먹을 만하답니다.

그 모든 것은 민들레가 인간에게 제공하는 생태계 서비스인 셈이지요. 민들레가 인간에게 서비스를 제공할 수 있도록, 강아지 똥을 포함한 생태계 전체가 민들레가 안정적으로 자랄 수 있도록 지지하는 것도 중요한 생태계 서비스라고 할 수 있어요. 따라서 자연이 주는 혜택을 계속 누리고 싶다면, 생태계 전체를 건강하게 유지해야만 합니다.

흰민들레(출처: 한국교육방송공사)

인간만 행복할 순 없어요,
생태 복지

사람들은 행복하게 살고 싶어 합니다. 행복해지려면 어떤 조건을 충족해야 할까요? 우선 적정한 경제력을 생각해 볼 수 있겠네요. 최소한 기본적인 의식주는 해결되어야 행복하다고 할 만하겠지요. 배고픔을 해결할 수 있고, 비바람을 피해 숨 쉴 수 있는 장소가 있어야 할 거예요. 하지만 그것만으로는 부족합니다. 가끔 여행도 다니고, 자주는 아니더라도 친구와 함께 영화 관람을 할 수 있다면 더 행복하겠지요. 그 모든 것을 하기 위해서는 어쩔 수 없이 돈이 필요합니다. 대부분을 돈으로 해결하는 자본주의 사회에서는 더욱 그렇지요.

그럼 돈이 많으면 많을수록 더 행복해지는 걸까요? 여러 연구 결과에 따르면, 돈이 많을수록 더 행복한 것은 아니라고 합니다. 행복에 이르는 부유함에는 적정한 수준이 있어서, 그 이상의 경제력은 행복에 불필요하다고 하지요. 그런데 그 수준이라고 하는 것이 생각보다 높지 않더라고요.

행복에 필요한 것으로, 돈 다음으로는 건강을 들 수 있겠네요. 몸 여기저기가 아프고 수시로 병원에 다녀야 한다면, 결코 행복하다고 할 수 없을 거예요. 그러니 건강도 행복에 필수 요소임이 틀림없어요.

자, 돈과 건강 말고 우리가 행복하기 위해 또 필요한 게 있을까요? 사람은 사회적 동물이에요. 영원히 혼자서 살아갈 수 없지요. 사람 사이에 좋은 관계를 형성하고, 그 속에서 조화롭게 살아가야 행복할 수 있어요. 돈과 건강, 좋은 인간관계. 이런 조건들이 충족되어야 사람은 행복하게 살 수 있다고 생각합니다.

그런데 그게 끝이 아니에요. 사람이 행복하게 살아가려면 한 가지가 더 필요해요. 바로 건강한 자연과 환경이지요. 우리는 자연 속에서, 자연의 끝없는 혜택을 받으며 살아가는 생태계의 일원입니다. 그래서일까요? 지구의 미래를 암울하게 그린 SF 영화를 보면, 하나같이 여러 이유로 파괴된 자연생태계가 그 배경을 이루지요. 결국 우리의 행복을 위해서는 건강한 자연이 필요하다는 뜻이에요.

이런 생각들을 담고 있는 개념이 바로 생태 복지랍니다. 생태 복지는 인간 복지와 생태계 복지를 결합한 말이에요. 인간의 행복한 삶을 위해서는 생태계 구성원의 삶도 행복해야 합니다.

3장

신음하는 지구, 사라지는 생명들!

인류세: 인간의 시대, 인간이 문제인 시대

'홀로세'라는 말을 들어 본 적이 있나요? 지구의 지질학적 역사로 보았을 때, 약 1만 2,000년 전부터를 홀로세라고 부릅니다. 지구의 지질학적 역사는 크게 명왕누대, 시생누대, 원생누대, 현생누대로 나눕니다. 누대는 지질 시대를 구분하는 가장 큰 단위로, 시기에 따라 수억에서 수십억 년에 이른답니다.

명왕누대는 지구가 탄생한 후부터 40억 년 전~38억 년 전까지이며, 지구가 식으면서 대기가 생기기 시작해요. 지표면 위에는 이미 물이 고여 있었어요. 시생누대는 25억 년 전까지로, 이때는 대기에 산소가 풍부해지고 생명이 나타나기 시작했어요. 최초의 대륙이 생겨났고요. 원생누대는 5억 4,100만 년 전까지로, 아주 작은 바다 생물의 뒤를 이어 더 크고 복잡한 생물들이 나타났어요. 현생누대는 현재까지를 가리키며, 식물과 동물이 물을 떠나 땅 위에서 살기 시작하고 생물의 종류가 더 다양해진 때입니다.

현생누대는 좀 더 세분하여, 고생대(5억 4,100만 년 전~2억 5,000만 년 전), 중생대(2억 5,000만 년 전~6,600만 년 전), 신생대(6,600만 년 전~현재)로 나눕니다. 이런 구분은 여러분에게도 좀 익숙할 거예요.

고생대는 전기와 후기로 구분하는데, 전기는 다시 캄브리아기(5억 4,100만 년 전~4억 8,700만 년 전), 오르도비스기(4억 8,700만 년 전~4억 4,300만 년 전), 실루리아기(4억 4,300만 년 전~4억 1,500만 년 전)로 나누지요. 후기는 데본기(4억 1,500만 년 전~3억 5,800만 년 전), 석탄기(3억 5,800만 년 전~2억 9,800만 년 전), 페름기(2억 9,800만 년 전~2억 5,000만 년 전)로 나눠요.

중생대는 다시 트라이아스기(2억 5,000만 년 전~2억 100만 년 전), 쥐라기(2억 100만 년 전~1억 4,550만 년 전), 백악기(1억 4,550만 년 전~6,600만 년 전)로 나눕니다.

마지막으로 신생대는 고제3기(6,600만 년 전~2,200만 년 전), 신제3기(2,200만 년 전~250만 년 전), 제4기(250만 년 전~현재)로 구분하지요. 신제3기는 팔레오세, 에오세, 올리고세, 마이오세, 플라이오세로, 제4기는 플라이스토세(홍적세: 250만 년 전~1만 1,700년 전), 홀로세(충적세: 1만 1,700년 전~현재)로 구분합니다.

이런 시대 구분은 주로 커다란 사건을 중심으로 하는 경향이 있어요. 어떤 원인으로 인해 전과 후가 명확히 달라지는 경향이 나타나면, 전과 후를 나누어 시대를 구분하는 것이지요. 그런데 지금 우리가 살고 있는 홀로세가 마무리되고 새로운 시대, 즉 '인류세'가 시작되었다고 주장하는 과학자들이 점점 늘어나고 있어요. 아직 합의하지 못한 여러 내용 때문에 학계에서 공식적인 지질 시대로 인정받지는 못하지만, 인류세가 우리에게 던지는 질문은 가볍지 않아 보입니다.

인류세는 인류가 지구환경에 지대한 영향을 끼친 시점부터 다른 지질 시대로 구분한 것입니다. 인류세라는 개념은 2001년 네덜란드 화학자인 파울 크루첸(Paul J. Crutzen) 박사가 제안했어요. 그는 인간이 생산한 기체 화합물이 성층권의 오존층을 파괴할 수 있음을 밝혀내어, 1995년 노벨화학상을 받은 유명한 과학자입니다. 파울 크루첸은 인간이 화석연료를 대규모로 사용하면서 배출한 온실가스가 지구온난화와 기후변화를 일으켰다고 주장했지요. 여러분은 인류가 지구환경에 엄청난 영향을 미치고 있다는 파울 크루첸 박사의 주장에 동의하나요?

인류가 지구환경에 미치는 영향을 열거하자면 끝이 없습니다. 몇 가지 예를 들어 볼까요? 우선 전 세계 산림의 40%, 습지의 85%가 인류로 인해 사라졌습니다. 바다의 65% 이상도 손상을 입은 상태이고요. 산호초 또한 200년도 안 돼 절반으로 감소했습니다.

그처럼 중요한 생물들의 서식 공간이 사라지거나 타격을 받다 보니, 생물들도 사라질 수밖에 없겠지요. 생물들은 정상적인 자연 상태에서도 멸종하는 경우가 있습니다. 하지만 오늘날 생물들의 멸종 속도는 정상적인 상태보다 최대 1,000배는 빠르다고 합니다. 이런 속도라면 정말 심각한 일이 벌어질 수도 있겠지요.

무엇보다 기후변화만큼 인간의 영향력을 여실하게 보여 주는 사례가 또 있을까요? 산업혁명 이후 지구의 온도는 약 1.2℃나 상승했습니다. 그것도 240여 년밖에 되지 않는 짧은 기간에 말이지요. 만약 이산화탄소가 눈에 보이는 기체였다면 상황이 달라졌을까요? 산업화 이후 쌓인 대기 중 이산화탄소의 무게는 1조t에 이르며, 이는 지구 전체를 1m 깊이로 덮는 양이라고 합니다. 이런 현상의 이면에는 당연히 인공물의 급격한 증가가 한몫했겠지요?

그동안 인류가 만들어 낸 시설과 제품 등 인공물의 무게가 지구에 살고 있는 생명체 모두를 합친 무게를 넘어선 상태라고 합니다. 1900년대 이후, 인공물이 20년마다 두 배씩 증가했다고도 하네요. 도로는 또 얼마나 많은지, 전 세계에 깔린 도로가 지구를 60만 조각으로 쪼개고 있다면 믿을 수 있겠어요? 우리나라도 전국 곳곳에 깔린 도로 때문에, 동물들의 이동이 방해받고 있지요.

쓰레기 문제 또한 심각합니다. 그 가운데 많은 부분을 플라스틱이 차지하지요. 오늘날 우리가 문명의 이기라고 하는 플라스틱을 얼마나 많이 만들어 내는지 알고 있나요? 플라스틱이 없다면 어떻게 살수 있을까 할 정도예요. 플라스틱을 모두 재활용한다면 문제없겠지만, 생각보다 많은 플라스틱이 재활용되지 못하고 버려지고 있어요.

처리하지 못하고 매년 폐기되는 플라스틱 쓰레기 약 500만~1,300만t이 바다로 흘러가고 있답니다. 수십만에 이르는 바닷새와 해양포유류, 어류가 버려진 플라스틱으로 목숨을 잃거나 고통받고 있다는 소식은 익히 들어 알고 있을 거예요. 이 정도면 인류가 지구환경에 미치는 영향이 일대 사건이라고 봐도 무방하지 않을까요?

인류의 대공습, 제6의 멸종

멸종이란 생물의 한 종류가 아주 없어진 상태를 말합니다. 지구 역사를 톺아보면, 지금까지 다섯 번의 대멸종이 있었다고 해요. 최초의 대멸종은 캄브리아기와 오르도비스기 사이(4억 3,800만 년 전)에 일어났으며, 그때 생물종의 84% 정도가 멸종한 것으로 추정돼요. 온화했던 지구의 기후가 급랭해져서 빙하시대가 도래하고, 그런 기후 변화를 견디지 못한 생물들이 멸종한 것이지요.

두 번째 대멸종은 3억 6,000만 년 전 데본기와 석탄기 사이에 일어난 사건으로, 생물종의 약 82%가 멸종되었습니다. 그 또한 지구에 빙하기가 도래한 것이 대멸종의 원인이었지요.

세 번째 멸종은 약 2억 5,000만 년 전, 고생대의 페름기와 중생대의 트라이아스기 사이에 일어났어요. 그때의 멸종을 기준으로 고생대와 중생대를 구분하지요. 연구에 따르면, 그때 해양생물종의 약 96%와 육상 척추동물의 70% 이상이 절멸했습니다. 지구 역사상 최악의 대멸종 사태로 여겨지고 있지요. 전 지구적인 대규모 화산폭발로, 이산화탄소가 증가하고 기온이 급격히 상승한 것이 멸종의 원인이었습니다.

네 번째 대멸종은 트라이아스기와 쥐라기 사이인 약 2억 100만 년 전에 일어났습니다. 그때 지구에 살던 생물종의 85%가량이 사라져 버렸어요. 그 또한 대규모 화산폭발이 일어나면서, 급격한 기후변화를 동반한 것이 멸종의 원인이 되었지요.

마지막으로 다섯 번째 대멸종은 기원전 6,600만 년경에 일어났어요. 이를 기준으로 중생대가 막을 내리고 신생대가 시작됩니다. 우리에게는 공룡 대멸종 사건으로 잘 알려져 있어요. 그때 조류의 조상을 제외하고는 모든 공룡들이 사라졌어요. 공룡뿐만 아니라 육상 생물종의 75%가 절멸했으며, 다양한 해양 파충류와 암모나이트 등도 함께 멸종했고요.

원인으로는 소행성 충돌설이 가장 유력합니다. 약 6,600만 년 전 소행성 충돌 때문에 대규모의 충격파와 산성비 등이 지구를 덮쳤고, 그러면서 대량으로 발생한 먼지가 대기권 상층부에 머물며 일으킨 기후변화가 멸종의 원인이 되었다는 것이지요.

사실 멸종의 원인에 대한 연구는 여전히 진행 중이고, 불명확한 부분이 많이 있어요. 아주 오래전에 일어난 사건이고, 흔적과 증거를 찾기도 쉽지 않거든요. 다만 급격한 기후변화가 대멸종에 영향을 미친 원인 가운데 하나였다는 것은 확인할 수 있답니다.

그런데 지금 여섯 번째 대멸종이 시작된 것이 아닌가 하는 우려의 목소리가 여기저기서 나오고 있어요. 그러한 경고의 목소리는 기후 변화, 생태계 파괴 등의 영향으로 굉장히 빠른 속도로 생물종이 사라지고 있는 현실을 반영한 것이지요.

원래 자연에서는 끊임없이 생물이 멸종하고, 새로운 생물이 태어나는 일이 벌어집니다. 다만 멸종하는 속도보다는 새로운 종이 나타나는 속도가 빠르기 때문에, 전반적으로 생물이 다양해지는 경향을 보이지요. 어떤 특별한 사건이 계기가 되면 대멸종이 일어나서 침묵의 지구가 되기도 하지만, 생물은 다시 빠르게 빈자리를 채워 생물 다양성이 풍부한 지구 생태계를 구성합니다. 지구 역사에서는 그런 특별한 멸종 사건이 크게 다섯 번 있었고, 지금 여섯 번째 사건이 일어나고 있다는 거예요.

그런데 이 여섯 번째 멸종은 기존의 멸종과 다른 특징이 있어요. 과거의 멸종 사건들이 자연적인 원인에 의해 촉발되었다면, 당면한 멸종은 바로 인류가 원인이라는 점이지요. 과격한 생물학자들은 생물이 10분마다 한 종씩, 하루에 100종씩 그 속도가 매우 빠르게 멸종하고 있다고 주장하며 우리에게 경각심을 주고 있어요.

사라진 생명들, 사라지는 생명들

하나둘 또박또박 불러봅니다.

늘대, 대륙사슴, 무산쇠족제비, 물범, 반달가슴곰, 붉은박쥐, 사향노루, 산양, 수달, 스라소니, 여우, 작은관코박쥐, 표범, 호랑이, 담비, 물개, 삵, 큰바다사자, 토끼박쥐, 하늘다람쥐, 검독수리, 고니, 넓적부리도요, 노랑부리백로, 느시, 두루미, 먹황새, 뿔제비갈매기, 저어새, 참수리, 청다리도요사촌, 크낙새, 호사비오리, 흑고니, 황새, 흰꼬리수리, 개리, 검은머리갈매기, 검은머리물떼새, 검은목두루미, 고대갈매기, 긴꼬리딱새, 긴점박이올빼미, 까막딱따구리, 노랑부리저어새, 독수리, 따오기, 뜸부기, 매, 무당새, 물수리, 벌매, 붉은가슴흰죽지, 붉은배새매, 붉은어깨도요, 붉은해오라기, 뿔쇠오리, 뿔종다리, 새매, 새호리기, 섬개개비, 솔개, 쇠검은머리쑥새, 쇠제비갈매기, 수리부엉이, 시베리아흰두루미, 알락개구리매, 알락꼬리마도요, 양비둘기, 올빼미, 재두루미, 잿빛개구리매, 조롱이, 참매, 청호반새, 큰고니, 큰기

러기, 큰덤불해오라기, 큰뒷부리도요, 큰말똥가리, 팔색조, 항라머리
검독수리, 흑기러기, 흑두루미, 흑비둘기, 흰목물떼새, 흰이마기러기,
흰죽지수리, 비바리뱀, 수원청개구리, 고리도롱뇽, 구렁이, 금개구리,
남생이, 맹꽁이, 표범장지뱀, 감돌고기, 꼬치동자개, 남방동사리, 모래
주사, 미호종개, 얼룩새코미꾸리, 여울마자, 임실납자루, 좀수수치, 퉁
사리, 흰수마자, 가는돌고기, 가시고기, 꺽저기, 꾸구리, 다묵장어, 돌
상어, 둑중개, 묵납자루, 버들가지, 부안종개, 새미, 어름치, 연준모치,
열목어, 칠성장어, 큰줄납자루, 한강납줄개, 한둑중개, 닻무늬길앞잡
이, 붉은점모시나비, 비단벌레, 산굴뚝나비, 상제나비, 수염풍뎅이, 장
수하늘소, 큰홍띠점박이푸른부전나비, 깊은산부전나비, 노란잔산잠
자리, 대모잠자리, 두점박이사슴벌레, 뚱보주름메뚜기, 멋조롱박딱정
벌레, 물방개, 물장군, 불나방, 소똥구리, 쌍꼬리부전나비, 애기뿔소똥
구리, 여름어리표범나비, 윤조롱박딱정벌레, 은줄팔랑나비, 참호박뒤
영벌, 창언조롱박딱정벌레, 큰자색호랑꽃무지, 한국꼬마잠자리, 홍줄
나비, 귀이빨대칭이, 나팔고둥, 남방방게, 두드럭조개, 갯게, 거제외줄
달팽이, 검붉은수지맨드라미, 금빛나팔돌산호, 기수갈고둥, 깃산호,
대추귀고둥, 둔한진총산호, 망상맵시산호, 물거미, 밤수지맨드라미,
별혹산호, 붉은발말똥게, 선침거미불가사리, 연수지맨드라미, 염주알
다슬기, 울릉도달팽이, 유착나무돌산호, 의염통성게, 자색수지맨드라
미, 잔가지나무돌산호, 착생깃산호, 참달팽이, 측맵시산호, 칼세오리

옆새우, 해송, 흰발농게, 흰수지맨드라미, 광릉요강꽃, 금자란, 나도풍
란, 만년콩, 비자란, 암매, 제주고사리삼, 죽백란, 탐라란, 털복주머니
란, 풍란, 한라솜다리, 한란, 가는동자꽃, 가시연, 가시오갈피나무, 각
시수련, 개가시나무, 갯봄맞이꽃, 검은별고사리, 구름병아리난초, 기
생꽃, 끈끈이귀개, 나도범의귀, 나도승마, 나도여로, 날개하늘나리, 넓
은잎제비꽃, 노랑만병초, 노랑붓꽃, 눈썹고사리, 단양쑥부쟁이, 대성
쓴풀, 대청부채, 대흥란, 독미나리, 두잎약난초, 매화마름, 무주나무,
물고사리, 물석송, 방울난초, 백부자, 백양더부살이, 백운란, 복주머니
란, 분홍장구채, 산분꽃나무, 산작약, 삼백초, 새깃아재비, 서울개발
나물, 석곡, 선모시대, 선제비꽃, 섬개야광나무, 섬시호, 섬현삼, 세뿔
투구꽃, 손바닥난초, 솔잎난, 순채, 신안새우난초, 애기송이풀, 연잎꿩
의다리, 왕제비꽃, 으름난초, 자주땅귀개, 장백제비꽃, 전주물꼬리풀,
정향풀, 제비동자꽃, 제비붓꽃, 조름나물, 죽절초, 지네발란, 진노랑
상사화, 차걸이란, 참닻꽃, 참물부추, 초령목, 칠보치마, 콩짜개란, 큰
바늘꽃, 파초일엽, 피뿌리풀, 한라송이풀, 한라옥잠난초, 한라장구채,
해오라비난초, 혹난초, 홍월귤, 그물공말, 삼나무말, 화경솔밭버섯.

　들어 본 이름도 있을 테고 생소한 이름도 있을 거예요. 열거한 이
름들의 공통점을 눈치챘나요? 맞아요, 바로 우리나라에서 멸종위기
에 처한 생물들입니다. 멸종위기 생물에는 꽤 오랫동안 발견되지 않
아서 이미 멸종되었다고 추정하는 것들도 있어요. 늑대가 그렇답니

다. 우리나라 북부 및 중부 지방에 분포한 기록이 있으나, 지금은 멸종한 것으로 보여요. 물론 우리나라 말고도 늑대가 분포하는 곳이 있기 때문에, 전 지구적으로 봤을 때는 멸종된 것이 아니지요. 하지만 우리나라에 살았던 늑대들은 한반도에서 한 마리도 남김없이 사라져 버린 거예요.

지구에서 영원히 사라진 생물들도 있습니다. 도도새라는 새 이름을 들어 본 적이 있나요? 이 새는 1507년에 포르투갈 선원이 처음 발견했는데, 18세기경에 사람들 때문에 멸종되었어요. 지금은 세계

1998년 연구 결과를 바탕으로 만든 도도새 뼈와 도도새
(출처: 옥스퍼드대학교 자연사박물관, bazzadarambler, flickr)

여러 박물관에서 다소 불완전한 뼈대가 보관되고 있어서, 도도새가 과거 지구에 살았음을 말없이 증인하고 있지요.

앞에서 열거한 생물들은 멸종위기에 있다 보니, 특별한 보호를 받고 있답니다. '야생생물 보호 및 관리에 관한 법률'은 멸종위기 야생생물에 대한 중장기 보전대책을 5년마다 수립하고 시행하도록 규정하고 있어요. 그리고 그 누구라도 멸종위기 야생생물을 포획·채취·방사·이식·가공·유통·보관·수출·수입·반출·반입(가공·유통·보관·수출·수입·반출·반입의 경우에는 죽은 것을 포함)·죽이거나 훼손해서는 안 된다고 명시하고 있지요. 그러나 법률에서는 그렇게 규정하고 있어도, 현실에서는 예외가 대단히 많아요.

멸종위기종인 맹꽁이가 있습니다. 정말 귀엽게 생긴 양서류지요. 마을 주변, 숲 가장자리의 물웅덩이 주위에서 살지만, 대부분을 땅속에서 지내며 산란 시기 외에는 울음소리를 들을 수 없고 눈에 띄지도 않는답니다.

그런데 사람들이 부족한 주거 공간을 확보하기 위해 대규모로 택지 개발을 추진하는 곳에 맹꽁이가 사는 경우가 많아요. 맹꽁이는 법적으로 보호받는 생물이므로, 맹꽁이를 보호하는 대책을 수립하지 않으면 택지 개발은 어려워지지요. 하지만 보통은 다른 곳에 대체 서식지를 조성하여 맹꽁이를 이주시킨다는 그럴싸한 계획으로, 개발을 용인하고 진행할 때가 많답니다. 강제로 다른 곳으로 옮겨진

맹꽁이

맹꽁이들은 어떻게 될까요? 대부분은 새로운 곳에 적응하지 못하고 죽게 될 거예요.

게다가 모든 맹꽁이를 이주시키지도 못해요. 맹꽁이를 포획하는 일이 그리 쉽지 않거든요. 맹꽁이가 자주 돌아다니는 산란철 저녁 무렵에 직접 잡기도 하지만, 일반적으로는 트랩을 설치하여 맹꽁이를 포획하지요. 하지만 그런 방식으로 잡을 수 있는 맹꽁이는 전체의 10% 정도밖에 되지 않는다고 합니다.

결국 90%의 맹꽁이는 개발로 사라지고, 대체 서식지로 이주한 맹꽁이마저도 환경에 적응하지 못하고 죽게 되는 거예요. 그런 식으로 맹꽁이의 서식지와 개체수가 줄어들고 있어요. 맹꽁이가 점점 멸종의 길로 접어들고 있는 것이지요.

내 옆의 생명이 하나둘 사라져 가는 이유는?

우리 주변에서 생명들이 사라지는 이유는 무엇일까요? 전문가들은 다음과 같이 말합니다. 서식지의 파괴와 분할, 폭력적으로 땅을 사용하는 방식과 농사법의 변화, 기후변화, 자연 자원의 과도한 사용, 환경오염, 외래종(침입종)의 영향, 인구 증가 등의 이유로 생명이 사라지고 있다고요.

에드워드 윌슨(Edward O. Wilson) 박사는 생물다양성이 손실되는 요인을 기억하기 쉽게 머리글자만 따서 'HIPPO(하마)'라고 표현해요. 이는 서식지 파괴(Habitat destruction), 침입종·외래종(Invasive species), 오염(Pollution), 인구 증가(Population growth), 남획(Overhunting)을 뜻하지요. 생물다양성이 손실되는 요인이 잘 기억나지 않을 때는 하마(Hippo)를 떠올려 주세요.

서식지 파괴 및 분할과 생물다양성

생명이 사라지는 가장 큰 이유는 서식지 파괴와 분할에 있다고 생각합니다. 기존의 숲과 습지 등을 밀어내고 집과 공장이 들어서면, 그곳에 살고 있던 수많은 생명은 터전을 잃게 되고 결국에는 생명을 잃고 말지요.

우리가 어떤 먹거리를 선택하느냐에 따라, 서식지가 심각하게 파괴되기도 합니다. 사람들이 고기를 많이 먹게 되면서, 소를 키우기 위한 땅을 만들려는 목적으로 아마존의 넓은 숲이 초지로 바뀌고 있어요. 식물성 기름을 많이 사용하면서, 다양한 나무가 들어선 숲이 팜유의 단순림(한 종류의 나무로만 이루어진 숲)으로 바뀌고 있고요. 인구가 기하급수적으로 늘어나면서, 식량을 생산하기 위한 농경지도 더 많이 필요해졌지요. 이 또한 생명들의 보금자리가 빠른 속도로 사라지는 이유 중 하나랍니다.

그처럼 생물의 서식지가 줄어드는 것 말고도, 그 서식지가 분할되는 것 또한 문제가 됩니다. 혹시 서식지 파편화라는 말을 들어 보았나요? '서식지 파편화'란 서식지가 여러 개로 쪼개지는 것을 말해요. 이런 연구 결과가 있습니다. 바다에서 멀리 떨어진 면적이 동일한 섬들을 대상으로 연구한 것인데요, 육지에서 가까운 섬일수록 그렇지 않은 섬보다 생물다양성이 높다고 해요. 한편 동일한 면적일 때, 여러 개의 작은 섬으로 이루어진 곳보다 하나의 섬으로 이루어진 곳의 생물다양성이 높다는 사실을 발견했지요.

그런 연구 결과를 바탕으로 우리는 알게 되었어요. 생물의 서식지가 도로 개발 등의 이유로 잘게 쪼개지면, 생태계의 건강성과 생물다양성이 낮아진다는 사실을요. 숲에서는 작은 산책로(등산로)가 도로와 같은 역할을 합니다. 숲을 잘게 쪼개는 격이지요. 따라서 숲에 산책로가 우후죽순 생기는 것은 숲의 건강성 측면에서 좋지 않은 현상이랍니다. 정해진 등산로만 이용하고 숲속의 작은 샛길을 차단하자는 캠페인을 하는 이유가 바로 여기에 있어요.

농사를 짓는 방식도 생물다양성에 큰 영향을 미칩니다. 농사 때문에 생물이 사라진다니, 언뜻 이해되지 않을 수도 있겠네요. 현재 농사짓는 논과 밭은 원래 습지와 초지, 숲, 때로는 갯벌이었던 곳을 개간하고 메워서 조성한 인위적인 공간이랍니다. 기존 생물들의 서식 공간을 뺏는 과정을 통해, 생물들에게 큰 영향을 미치는 것이지요. 다만 논과 밭은 식물성 먹을거리를 키우는 공간이므로, 어떤 방식으로 이용하는지에 따라 생물다양성을 보전하거나 파괴할 수 있어요.

오늘날의 일반적인 관행농업은 화석에너지를 이용하고, 화학비료와 화학 농약에 의존합니다. 그래서 땅에 기대어 살아가는 수많은 생명과 그 생명에 의지해 살아가는 수많은 날짐승을 죽이게 된답니다. 반면 자연의 순리를 따르며 화석에너지, 화학비료, 화학 농약 투입을 최대한 줄이는 유기농업은 다른 생명에 미치는 영향을 최소화할 수 있어요. 동일한 면적의 논이 두 곳 있는데요, 한 곳은 기존의 관행농법으로 농사를 지었고 다른 한 곳은 철저하게 유기농법으로 농사를 지었답니다. 1년 동안 논에서 생물들을 관찰해 보니, 유기농법으로 농사지은 논이 그렇지 않은 논보다 생물종이 몇 배 더 많았다고 합니다.

대도시인 서울시 도봉구에는 무수골이라는 동네가 있어요. 서울에 있었던 거의 모든 논이 개발로 사라졌는데, 이곳만은 여전히 500여 년의 긴 시간 동안 논을 유지하고 있답니다. 서울의 외곽인 데다 국립공원 안에 있다 보니, 개발하기가 쉽지 않아 논의 형태를 지금까지 유지하고 있는 것 같아요.

그곳의 논을 임대하여 유기농으로 농사를 짓는 모임이 있습니다. 모임(서울환경연합)에서는 논에 살고 있는 생물을 꾸준히 모니터링하는데, 2022년 조사 결과 3,700여m²(약 1,121평)의 면적에 수서 무척추동물 43과 87종, 논둑 식물 36과 115종, 육상 곤충 35종 등 총 237종의 생물이 살고 있는 것으로 확인되었어요. 먹거리를 어떻게 생산하느냐에 따라, 생물다양성이 달라질 수 있다는 사실을 알 수 있습니다.

외래종과 생물다양성

외래종이 생물다양성에 미치는 영향 또한 어마어마합니다. 외래종이란 '외국으로부터 인위적 또는 자연적으로 유입되어, 그 본래의 원산지나 서식지를 벗어나 존재하게 된 생물'을 말합니다. 말 그대로 외국에서 유래한 생물인 것이지요. 침입종이라는 용어를 쓰기도 합니다. 원래의 서식지가 아닌 곳에 새롭게 들어온 종인데, 부정적 영향을 미친다는 의미가 담겨 있어요.

그런데 전 세계적으로 외래종을 유입하는 일이 점점 늘어나고 있습니다. 외래종은 인위적인 경로와 자연적인 경로를 통해 들어오는데, 대부분은 인위적인 경로를 통해 유입되지요. 인위적인 경로는 다시 의도적인 경로와 비의도적인 경로로 나눌 수 있어요.

의도적인 경로는 약모밀, 쪽 등과 같이 인간이 약용이나 식용, 염료용 등 어떤 특정한 목적을 가지고 도입하는 경우입니다. 반면 비의도적인 경로는 미국자리공, 돼지풀 등과 같이 외국에서 인간의 왕래와 화물의 수출입 등의 과정을 통해 국내에 들어오는 경우를 말합니다.

자연적인 경로는 바람이나 해류, 철새 등의 이동으로 인해 도입되는 경우예요. 하지만 인위적인 경로보다 그 사례가 많지 않고 전체 양상을 파악하기도 쉽지 않습니다.

외래종은 인류의 이동과 교류가 활발해지면서 빠른 속도로 늘어나고 있어요. 또 다른 한편으로는 기후변화로 기온이 상승하면서, 적합한 서식지를 찾아 이동하는 동식물이 엄청나게 많아지는 추세이지요. 새로운 서식지로 이동한 외래종 또는 침입종은 긍정적인 역할을 하기도 해요. 하지만 기존 생물의 서식지를 파괴하거나 훼손하고, 기존 서식지에 살고 있던 자생종들과 먹이 및 공간을 두고 경쟁하면서 밀어내기도 합니다. 새로운 병원체를 전파하는 역할을 할 때도 있고요. 그런 이유로 생물다양성 보전을 위해서는 외래종 관리를 철저하게 해야만 한답니다.

칡이라는 식물을 알고 있나요? 칡은 우리나라에서 자생하는 덩굴식물이에요. 그런데 이 식물이 의도치 않게 미국으로 건너갔어요. 미국에서는 자생하지 않는 식물이니, 외래종이자 침입종인 식물이 유입된 셈이지요. 그런데 칡이 굉장히 빠른 속도로 미국 산림에 침입하면서 문제가 발생하고 있어요. 왕성한 번식력으로 나무줄기를 타고 올라가 큰 나무를 덮어 버리니, 광합성을 하지 못한 나무가 죽어 버리는 거예요.

수많은 나무들이 영향을 받다 보니, 미국에서는 칡을 악성 침입종으로 간주하고 대대적인 소탕 작전을 벌이고 있습니다. 하지만 쉽게 사라질 칡이 아니지요. 콩과식물이라 척박한 토양에서도 잘 자라는데다, 미국이란 나라가 워낙 땅덩어리가 넓다 보니 현장을 관리하기가 쉽지 않아요.

숲에서 칡이 문제를 일으키고 있다면, 물속에서는 가물치라는 놈이 미국 하천 생태계를 심각하게 교란하고 있어요. 가물치는 우리나라 전 지역의 연못, 저수지 등 정체된 물에 서식하는데, 크게는 80cm 이상 자랄 수 있는 큰 물고기예요. 수온 변화에 적응하는 힘이 강하고, 오염된 물이나 산소가 거의 없는 물에서도 아가미 호흡 대신 공기 호흡을 통해 살 수 있어요. 굉장히 적응력이 뛰어난 동물이지요. 그리고 가물치는 우리나라 민물 생태계의 최상위 포식자 중 하나로, 자기보다 작은 것들은 모조리 잡아먹어요.

이런 물고기가 미국 하천 생태계에 침입했으니, 난리가 날 수밖에요. 영양소도 풍부하고 맛도 좋은 물고기라 식용이나 약용으로 즐겨 찾는 까닭에, 우리나라에서는 사람들이 가물치의 천적 역할을 하지요. 그러나 우리와 식문화가 다른 미국에서는 사람들이 가물치를 조절하는 역할을 할 수 없답니다.

반면 우리나라에서는 북아메리카에서 들어온 블루길, 큰입배스 같은 물고기와 단풍잎돼지풀, 돼지풀 같은 식물들이 미국의 칡과 가물치 같은 역할을 하며 생태계에 영향을 미치고 있어요. 그 생물들의 영향을 줄여 보려고, 국가 차원에서 법과 제도를 만들고 관리하기 위해 노력하고 있지요. 하지만 생각보다 쉬운 일이 아니랍니다.

해마다 외래종이 늘어나고 있는데, 2,000종이 훌쩍 넘어가는 외래종을 모두 관리할 수는 없어요. 또 외래종이라고 해서 전부 문제가 되는 것도 아니고요. 그래서 외래종 가운데 생태계에 미치는 부정적인 영향이 큰 생물을 선정하여 집중적으로 관리하고 있답니다. 그런 생물을 '생태계 교란 생물'이라고 해요.

우리나라의 '생물다양성 보전 및 이용에 관한 법률'에서는 생태계 교란 생물을 '생태계 등에 미치는 위해가 큰 것으로 판단되는 생물, 생태계의 균형을 교란하거나 교란할 우려가 있는 생물, 특정 지역에서 생태계의 균형을 교란하거나 교란할 우려가 있는 생물'로 정의하고 있어요. 2024년 현재 우리나라에서 생태계 교란 생물로 지정된 것은 1속 37종이에요.

뉴트리아, 황소개구리, 붉은귀거북속의 모든 종, 리버쿠터, 중국줄무늬목거북, 악어거북, 플로리다붉은배거북, 늑대거북, 파랑볼우럭, 큰입배스, 브라운송어, 미국가재, 꽃매미, 붉은불개미, 등검은말벌, 갈색날개매미충, 미국선녀벌레, 아르헨티나개미, 긴다리비틀개미, 빗살무늬미주메뚜기, 돼지풀, 단풍잎돼지풀, 서양등골나물, 털물참새피, 물참새피, 도깨비가지, 애기수영, 가시박, 서양금혼초, 미국쑥부쟁이, 양미역취, 가시상추, 갯줄풀, 영국갯끈풀, 환삼덩굴, 마늘냉이, 돼지풀아재비가 바로 그들인데요, 혹시 알고 있는 생물이 있나요? 이름이라도 알아 두면 좋겠어요.

앞에서 말한 생물은 모두 의도적 또는 비의도적으로 외국에서 국내로 유입된 생물이에요. 생각보다 많은 종이 관상용, 애완용, 식용 등의 이유로 우리나라에 수입되었는데, 의도치 않게 야생으로 퍼지고 있어요. 그중에는 사람들이 애완용으로 키우다가 마음이 변하는 바람에, 야생에 방생하는 경우도 많답니다.

생물다양성 보전을 위해서 앞으로는 방생하는 일을 절대 하지 않았으면 해요. 언젠가, 아마존에 서식하는 피라냐가 소양강에서 발견되어 시끄러웠던 적이 있어요. 관상용으로 수입해서 집에서 기르다가 소양강에 몰래 버린 것으로 추정하는데요. 만약 피라냐가 우리나라 야생에 적응하여 번식에 성공했다면 어떻게 됐을까요? 생각만 해도 아찔하네요.

환경오염과 생물다양성

심각한 환경오염도 생물 멸종의 주요 원인입니다. 환경오염 하면 쓰레기 문제를 빼놓을 수 없지요. 2018년 세계은행(World Bank)이 발표한 보고서에 따르면, 2016년 기준으로 인류가 배출한 도시 고형폐기물만 연간 20억t이 넘었다고 합니다. 전 세계에서 한 사람당 날마다 평균 0.74kg의 쓰레기를 버리는 셈이지요.

얼마큼의 양인지 감이 안 온다고요? 올림픽경기 수영장 80만 개를 가득 채울 수 있는 분량이라고 생각해 보세요. 그 가운데 제품이나 퇴비 등으로 재활용하는 쓰레기는 고작 16%에 지나지 않아요.

11%는 소각장에서 태우고, 46%는 매립하거나 야적장에 방치하지요. 그중 상당량의 쓰레기가 하천이나 바다로 흘러 들어간답니다. 쓰레기는 땅과 바다를 오염시켜, 그곳에서 살아가는 생물들에게 엄청난 고통을 안겨 주지요.

우리나라에서 1년간 발생하는 쓰레기는 1억 9,546만t에 달합니다. 그중에 생활폐기물은 1년에 1,730만t(2020년 기준), 하루로 치면 4억 7,397만t이 되지요. 일인당 매일 0.89kg을 버리고 있는 셈입니다. 생활폐기물 배출량이 많은 해에는 1kg에 달하기도 해요. 우리 모두가 매일 1kg의 쓰레기를 버리고 있으며, 그로 인해 다양한 문제가 발생한다고 생각하니 기분이 썩 좋지 않네요. 참, 우리가 매일 버리는 쓰레기에서 약 1/3은 음식물쓰레기가 차지한다고 하는군요. 그러니 오늘부터 음식을 남기지 않고 먹는 습관을 들여야겠어요.

쓰레기에서도 플라스틱 폐기물 문제는 정말이지 심각합니다. 경제협력개발기구(OECD)는 '플라스틱 전망 보고서'를 통해, 2019년 한 해 동안 전 세계에서 배출한 플라스틱 쓰레기만으로 에펠탑 3만 5,000개를 만들 수 있다고 보고했어요. 무게로 따지자면 3억 5,300만t이나 되는 엄청난 양이지요.

그린피스가 2023년에 발간한 '플라스틱 대한민국 2.0 보고서'를 보니 믿기지 않는 수치가 들어 있더군요. 우리나라 사람들의 연간 플라스틱 소비량이 87만 3,833t, 개수로는 55억 개에 이른다는 거예요. 일인당으로 따지면 매년 1,312개의 플라스틱을 사용하는데, 무게로는 19kg에 달해요. 일인당 매년 플라스틱 생수병 109개를 사용하고, 플라스틱 컵 102개, 비닐봉지 533개, 플라스틱 배달 용기 569개를 쓰레기로 배출한다고 하는군요. 개인이 환경에 미치는 영향이 작다고 할 수 없지요.

앞에서도 살펴보았듯이, 해마다 바다로 흘러 들어가는 쓰레기양이 최소 500만t에서 최대 1,300만t에 이른다는 보고도 있어요. 바다로 흘러간 플라스틱 쓰레기는 수많은 바다 생물을 죽이는 주범 가운데 하나입니다. 빨대가 코에 박혀 고통스러워하는 바다거북, 위가 플라스틱 쓰레기로 가득 차서 굶어 죽은 앨버트로스, 플라스틱 폐그물에 목이 걸려 익사 위험에 처한 바다거북, 둥근 플라스틱 고리에 목이 졸려 죽은 물개 등의 사진을 보고 충격을 받은 적이 있어요. 멸종위기종을 포함하여 거의 700종에 가까운 생물이 플라스틱 쓰레기의 영향을 받고 있고, 해마다 수백만 마리가 넘는 새를 포함한 바다 생물이 죽어 간다니 슬프기만 합니다.

플라스틱 쓰레기는 우리 인간의 건강에도 영향을 줍니다. 바다에 버려진 플라스틱은 햇빛과 파도 등의 영향을 받아 잘게 잘게 쪼개져요. 눈에 보이지 않을 정도로 쪼개져서 미세 플라스틱이 되고, 더 잘게 쪼개지면 나노 플라스틱이 되지요. 미세하게 분해된 플라스틱은 바다 생물의 먹이사슬을 통해 생물들의 몸속에 쌓여 건강과 행동에 영향을 미칩니다. 물고기를 잡아먹은 사람의 몸속에도 플라스틱이 쌓이게 되지요. 작은 플라스틱은 공기 중으로 떠올라 이동하기도 해서, 호흡을 통해 직접 몸속으로 들어오기도 해요.

나도 모르게 이런저런 경로로 하루에 약 2,000개의 플라스틱을 먹고 있다는 연구도 있는데, 한 달에 플라스틱 칫솔 한 개를 먹는 셈이랍니다. 1년에 열두 개의 칫솔을 우리도 모르게 먹고 있다니, 정말이지 생각보다 심각하네요. 플라스틱은 결코 음식이 아닌데 말이에요. 몸에 들어온 플라스틱은 밖으로 배출된다고는 하지만, 나노 플라스틱과 같이 입자가 아주 작으면 배출되지 않고 우리 몸에 남아서 갖가지 부작용을 일으킨다고 합니다.

UN 해양환경전문가그룹(GESAMP)에 따르면, 우리 몸에 들어온 플라스틱은 종류에 따라 다양한 문제를 발생한다고 해요. 우선 중금속이 함유된 미세 플라스틱은 우리 몸의 중추신경계 이상을 유발한다고 합니다. PVC(폴리염화비닐)는 천식을 일으키며, 비스페놀 A는 유방암, 전립선암 등의 암과 생식계 장애를 유발하고 간을 손상시켜요. 폴리스티렌은 간 손상과 암 유발, 폴리브롬화디페닐에테르는 갑상선 기능 이상, 안티몬은 간 독성과 피부염 그리고 심혈관계 이상, 프탈레이트는 전립선암과 생식계 장애를 유발하지요. 특히 태아와 영유아의 성장 발달에 악영향을 미친다고 하니, 우리의 건강을 위해서라도 플라스틱 쓰레기 배출이 '0'이 되게끔 열심히 노력해야 합니다.

질소와 인으로 인한 수질 오염도 심각한 문제입니다. 질소와 인은 식물의 생장에 필수 요소이지요. 농업 생산량이 급격하게 늘어난 데는, 공기에서 질소를 분리해 내는 방법이 개발되어 질소비료를 안정적으로 공급할 수 있었던 공이 큽니다. 그런데 질소비료를 과도하게 사용하면서 뜻하지 않은 문제들이 발생하게 되었어요.

그중 하나가 바로 수질 오염입니다. 논밭에 과도하게 뿌려진 질소의 상당 부분은 식물이 사용하지 못하고, 빗물에 녹아 하천으로 유입됩니다. 결국 바다까지 흘러가지요. 과도한 영양분이 물속으로 들어오면, 식물성 플랑크톤의 과다 발생 등으로 물 생태계에 교란이 일어납니다.

녹조 현상(출처: 한국 저작권위원회)

인도 마찬가지예요. 전 세계 농경지에 뿌린 인 비료 성분 가운데 34%가 빗물에 씻겨 강과 호수, 바다로 들어온답니다. 그 역시 부영양화(富營養化)를 일으켜, 녹조가 발생하는 원인으로 작용하지요. 바다에 들어간 인은 적조 등 식물성 플랑크톤의 대발생을 일으켜요. 그런데 식물성 플랑크톤이 죽고 분해될 때는 물속 산소가 고갈되어, 산소가 전혀 없는 무산소층이 나타납니다. '무산소층'은 물고기 등 동물이 사라지는 데드 존(dead zone)인데, 이런 곳이 전 세계적으로 늘어나고 있어서 문제예요. 지난 세기 동안 전 세계에서 강과 호수로 들어가는 인의 양이 연간 500만t에서 900만t으로 두 배 가까이 늘었고, 현재 추세라면 2050년까지 다시 두 배로 늘어날 수도 있다고 합니다.

질소와 인은 주로 농경지에서 사용하는 비료에서 유입돼요. 하지만 축산 폐수나 가정의 생활하수를 통해서도 유입된다는 사실을 알아 두었으면 해요.

인구 증가와 생물다양성

2023년 10월 이후로 전 세계 인구가 80억을 넘어섰다고 합니다. 불과 얼마 전만 해도 75억, 76억이라고 말했는데, 몇 년 사이에 4~5억의 인구가 증가한 것이지요. 무서운 속도입니다. 지금 예측하기로는 2050년에 100억까지 인구가 늘어날 것이라고 해요. 지구는 과연 100억의 인구를 감당할 수 있을까요? 한번 생각해 보자고요.

인구 100억을 먹여 살리려면 지금보다 훨씬 많은 식량을 생산해야겠지요. 과연 인류는 식량을 추가로 생산할 땅을 충분히 구할 수 있을까요? 숲을 밀어내고 습지를 메워서 농경지로 바꿔야만 할 텐데, 그런 행위만으로 서식지를 파괴하고 생물다양성에 엄청난 손실을 가져올 거예요. 지구는 매우 큰 행성이지만, 80억의 인구를 감당하기에는 역부족입니다. 게다가 80억 인류 모두가 평균적인 미국인의 삶처럼 살기를 원한다면, 지구 하나로는 감당할 수 없다는 평가가 일반적이지요.

사냥과 남획 그리고 생물다양성

여러분은 사냥을 어떻게 생각하나요? 낚시는 어떤가요? 한번 진지하게 토론해 보면 좋겠어요. 가치와 문화의 문제이니, 옳고 그름으로 따질 수는 없을 거예요. 가치와 문화는 시대적 상황에 따라 충분히 변할 수 있으니까요.

예전에는 먹고살기 위해서 사냥이나 낚시를 했지요. 하지만 먹거리가 풍부해진 오늘날엔 취미와 즐거움을 위해 사냥이나 낚시를 하는 일이 많아졌어요. 취미나 즐거움을 위한 사냥이나 낚시가 정당하고 필요한 일인지 곰곰이 생각해 보았으면 해요.

분명한 사실은 야생동물 사냥이 생물다양성에 미치는 영향이 적지 않다는 점이에요. 지금은 많이 달라졌겠지만 10여 년 전만 해도 인적이 드문 깊은 산속을 돌아다니다 보면, 야생동물이 지나다니는 길을 따라 설치된 올무를 쉽게 볼 수 있었습니다. 올무는 튼튼한 철사로 만든 올가미를 말해요. 올무에 걸린 야생동물은 몸부림치다가 결국 죽게 되지요. 벗어나려고 몸부림칠수록 올가미가 강하게 조여 들거든요. 야생동물을 잡아서 사람들에게 몰래 판매하려는 밀렵꾼들이 올무를 설치해요. 하지만 허가를 받지 않은 채 야생동물을 잡는 것은 불법이랍니다.

제주도 산림을 조사하다가, 올무에 걸려 죽어 있는 노루를 직접 본 적이 있어요. 발목이 올무에 걸렸는데, 꽤 오랫동안 몸부림치다가 굶어 죽은 것으로 보였어요. 뼈와 가죽만 앙상하게 남아 있었지요. 노루의 고통이 느껴져서 몸서리쳤던 기억이 아직도 또렷하네요. 어느 때는 숲에서 커다란 덫을 수거한 적도 있답니다. 공포 영화에서나 나올 법한 크기였어요. 멧돼지를 사냥하기 위해 설치한 덫으로 보였는데요. 자칫 실수로 밟았다면 큰 사고가 날 뻔했지요.

경기도에 있는 유명한 관광지 인근의 산림을 조사할 때의 일입니다. 식사를 하려고 음식점에 들렀는데, 마침 인접한 가게가 뱀탕집이더군요. 그래서 잠깐 들어가 보았지요. 이런저런 이야기를 나누다, 가게 주인이 보여 줄 게 있다며 바닥에 있던 덮개를 열어 보였어요. 그래서 아래를 내려다봤는데, 뱀이 우글우글하더라고요. 깜짝 놀랐지요. 뱀이 몸에 좋다는 낭설이 횡행하던 때라, 뱀을 찾는 사람들이 많았던 것 같아요. 그때는 전문적으로 뱀을 잡아 공급하는 땅꾼이 직업인 사람도 꽤 있었지요.

예전에는 야생동물이 건강 보양에 좋다는 속설이 있었답니다. 과학적 근거는 전혀 없음에도, 잘못된 믿음으로 보양을 하려는 사람들이 적지 않았어요. 그렇다 보니 불법으로 야생동물을 사냥하는 일이 많았던 듯해요. 지금은 환경 인식이 높아지고 법과 제도도 강력해져서 과거보다 상황이 나아지긴 했으나, 불법 사냥이 완전히 뿌리 뽑히진 못한 것 같습니다.

물론 정말 필요해서 야생생물을 포획하는 일도 있겠지요. 하지만 필요 이상으로 남획하는 것 또한 생물다양성이 손실되는 주된 이유랍니다. 그중에서도 바다 어류의 손실이 무엇보다 심각한데요. 시장에서 팔리는 어류 중 33%는 필요 이상으로 잡히고 있고, 최대치로 잡아들이는 종도 60%나 되는 상황이어서, 이대로 가면 물고기 씨가 마르는 날이 올지도 몰라요. 단지 7%만이 높은 어획량에도 불구하고, 개체수를 근근이 유지하고 있답니다. 대형 어류의 경우 인기가 많아서 대량으로 포획하다 보니, 그 개체수가 대폭 줄어들고 있다고 해요.

저인망 어선은 바다의 밑바닥으로 그물을 끌고 다니면서 깊은 곳에 사는 물고기를 잡습니다. 그런 방식으로 작업을 하면, 특정한 물고기 말고도 수많은 어류가 그물에 걸리게 되지요. 불필요한 물고기는 그 과정에서 죽은 채로 다시 바다에 버려지게 된답니다. 그와 비슷한 방식의 과도한 포획은 의도치 않게 매년 수십만 마리가 넘는 상어와 가오리, 고래, 돌고래, 바다거북 등의 목숨을 앗아가요.

기후위기와 생물다양성

기후변화도 생물다양성 손실의 중요한 이유 가운데 하나입니다. 기후위기가 생물다양성에 미치는 영향력이 점점 더 커지고 있어서 걱정이에요. 오늘날 지구의 평균온도는 18세기 산업혁명이 시작되기 전과 비교하여 1.2℃가 상승한 상태입니다. '고작 1.2℃ 갖고 뭘 그래?' 하고 생각할지도 모르겠네요. 하지만 그 정도 변화만으로도 전체 기후시스템과 자연생태계에 엄청난 혼란이 발생하고 있답니다. 기후변화로 인한 파국을 막기 위해 국제사회가 합의한 마지노선이 1.5℃인 점을 고려하면, 이제 0.3℃ 남은 셈입니다.

안타깝게도, 지금과 같은 상황이 지속된다면 2100년에 2.8℃ 이상 상승할 것이라는 우울한 전망도 있어요. 모든 나라가 국제사회에 약속한 온실가스 감축 목표를 100% 달성하더라도 말이지요. 그렇게 된다면, 지금보다 몇 배나 큰 규모로 생물다양성이 손실될 수 있습니다.

온도가 상승하는 폭 못지않게 중요한 것이 그 속도입니다. 온도가 변하는 속도 또한 자연적인 상태와 비교했을 때 너무 빠릅니다. 지구의 역사를 보면, 반복되는 온도 상승 및 하강 구간이 있었어요. 빙하기에는 온 지구가 얼음으로 뒤덮인 적도 있었다고 하지요. 자연스러운 기온 변화는 1만 년에 약 4℃쯤 상승하는 것이었는데, 현재 인간의 활동에 따른 기온 변화는 100년에 약 1℃ 상승하는 속도라고 합니다. 그처럼 빠르게 기온이 올라가면, 많은 생명이 적응하지 못하고 죽음을 맞이하게 될 거예요.

지구의 평균온도가 상승하면 바다의 온도도 올라가요. 지구의 온도 상승이 그나마 이쯤에서 유지되는 이유는 대기 중의 많은 열을 바다가 흡수해 주고 있기 때문이에요. 바다의 온도는 육지보다 천천히 오르는 성질이 있답니다. 하지만 지속적인 열 흡수로, 바다의 온도 상승도 무시할 수 없는 수준에 도달하고 있어요. 바다에 사는 생물들은 온도 변화에 훨씬 민감한데, 바다의 온도가 지속적으로 상승하면서 생물다양성에 큰 영향을 미치고 있지요.

2013년 태평양에서 발생한 폭염이 해양생태계에 어떤 영향을 끼쳤는지 잠깐 살펴볼게요. 물이 뜨거워지니 바다의 수십m 표층에서 살아가는 식물성 플랑크톤이 몰살하였고, 식물성 플랑크톤을 먹이로 하는 크릴 같은 자그만 유기체들이 굶어 죽었어요. 작은 새우처럼 생긴 크릴은 고래, 연어, 바닷새를 비롯한 수많은 바다 생물의 먹이가 되지요. 그처럼 크릴이 사라지자, 대형 물고기와 해양 포유류의 주된 먹잇감인 청어와 정어리의 개체수도 함께 줄어들었답니다. 한마디로 해양생태계에 심각한 교란이 발생하고 있는 거예요.

산호초의 백화현상도 빼놓을 수 없어요. 산호초가 해저에서 점유하는 면적은 1%도 안 되지만, 그곳을 보금자리로 살아가는 해양생물은 25%가 넘는다고 합니다. 산호초는 갈충조(褐蟲藻)라는 아주 미세한 식물과 공생하며 번성해 왔지요. 그런데 이 둘의 공생관계는 바닷물의 온도 변화에 지극히 민감해요. 바닷물이 0.5~1℃만 따뜻해져도 공생관계가 깨지면서, 산호초는 허옇게 변한 골격만 남게 된답니다.

산호초 백화현상

이를 '백화현상'이라고 해요. 그렇게 되면, 보금자리를 잃은 수많은 바다 생물 역시 큰 타격을 받게 되지요.

기후변화에 생물은 어떻게 반응하고 있는지, 생태계에는 어떤 변화가 일어나고 있는지 좀 더 자세히 들여다볼까요? 기후변화로 인해, 식물들의 개화 시기가 점점 빨라지고 있어요. 과거와 비교하여 꽃 피는 시기가 보름이나 가까이 앞당겨진 식물도 있습니다.

국립수목원이 우리나라 산림에서 자라는 식물을 대상으로, 지난 10년 동안(2009~2018년) 꽃 피는 시기, 잎 나는 시기, 단풍 드는 시기 등에 어떤 변화가 있었는지를 조사하고 분석했는데요. 그 결과, 잎이 돋고 꽃이 피는 시기는 점차 빨라지고, 단풍이 드는 시기는 점차 늦어지고 있음을 알 수 있었어요. 봄의 전령인 진달래의 경우, 10년 전보다 잎은 13.5일 빠르게 피고 꽃은 15.1일 일찍 만개했어요.

다른 식물도 비슷한 상황입니다. 꽃가루와 꿀이 주요한 먹이원(먹이가 되는 원천)인 꿀벌과 같은 작은 곤충들이 일대 혼란에 빠졌어요. 몇 년 전부터 꿀벌이 실종되고, 벌이 집단으로 죽어서 벌집이 붕괴하는 현상이 전 세계적으로 관찰되고 있지요. 기후변화로 인한 생태계 교란이 원인 중의 하나로 지목되고 있답니다. 식물의 생육 기간이 점점 길어지고, 식물이 생산하는 꽃가루 양이 늘어나는 현상도 관찰되고 있어요. 그래서 꽃가루 알레르기 환자가 점점 증가하고 있다는 보고도 있지요.

식물뿐만 아니라 곤충도 활동을 시작하는 시기가 빨라지고 있습니다. 겨울이 짧아지고 있다는 말이지요. 겨울이 따뜻하면, 얼어 죽지 않고 살아남는 곤충의 개체수가 늘어나요. 곤충 대발생이 일어나는 이유 가운데 하나이지요. 특정한 곤충이 갑자기 늘어나면, 식물이 영향을 받고 숲 생태계 전체에 교란이 생길 수 있어요.

한때 우리나라 산림에 참나무시들음병이 대유행하는 바람에 수많은 참나무가 죽는 일이 있었어요. 참나무시들음병의 확산은 광릉긴나무좀이 늘어난 것과 어느 정도 관련이 있답니다. 겨울이 따뜻하다 보니, 죽지 않고 살아남은 광릉긴나무좀이 대량으로 발생한 것이지요. 그처럼 대발생한 광릉긴나무좀은 참나무시들음병이 확산하는 데 영향을 미쳤고요.

광릉긴나무좀은 참나무에 구멍을 뚫고 들어가 생활합니다. 암컷의 등판에는 곰팡이류가 서식하고 있어요. 곤충의 도움으로 나무 속에 자리 잡은 곰팡이는 참나무의 수분과 양분의 이동통로를 전부 막아 버려요. 결국 참나무는 시들시들하다가 말라 죽게 되지요.

개구리도 겨울잠에서 일찍 깨어나고, 산란 시기도 빨라지고 있습니다. 기상이변이 심해지면서, 봄철의 따뜻했다 추워지는 변덕스러운 날씨에 고통받는 개구리가 늘어나고 있어요. 철새들의 이동 시기도 점차 빨라지고 있지요. 박새의 경우에는 기온이 올라갈수록 알이 작아지는 현상도 관찰되었어요. 알이 작아지면 약한 새끼가 태어날 가능성이 높고, 그런 새일수록 야생에서 살아남을 확률이 낮아지지요. 겨울잠을 자는 포유류도 잠에서 깨는 시기가 당겨지고 있고, 새끼를 낳는 출산일도 앞당겨지고 있답니다.

온도 변화의 영향으로, 새로운 서식지를 찾아 이동하는 식물과 동물이 빠르게 늘어나는 추세예요. 추운 곳을 선호하는 생물들은 점차 고지대로 밀려나고 있습니다. 그처럼 새로운 서식지로 이동하는 식물과 동물은, 원래 그곳에 살고 있던 생물에게는 침입종이 되겠지요. 침입종과의 경쟁에서 밀려난 생물은 다른 서식지로 이동해야 해요. 그러지 않으면 멸종할 수도 있어요.

생물들은 각 종마다 온도 변화에 반응하는 속도와 적응 능력에 차이가 있답니다. 그렇다 보니 기존 생태계의 먹이사슬이 교란되는데, 갈수록 육상생태계, 담수생태계, 해양생태계 모두에서 그러한 교란 현상이 늘어나고 있어요. 거북이와 같은 파충류는 주변 온도에 따라 새끼의 성별이 결정되는데, 기온 상승으로 인해 성비에 혼란이 생기고 있답니다.

지금까지 열거한 모든 일은 기후변화로 인해 생태계에서 일어나고 있는 일부 사례에 불과합니다. 생물종마다 온도 변화에 적응하는 속도가 다르고, 그로 인한 생태계 교란이 생물을 멸종으로 이끌 수도 있다니, 이해하기 쉬운 이야기는 아닐 거예요. 조금 더 들여다볼 게요.

온도가 상승하면, 생물의 먹고 먹히는 시기와 먹는 양에 변화가 일어납니다. 그렇게 되면 정교한 먹이사슬에 교란이 일어나서, 관련 생물에게 큰 영향을 미치지요. 겨울나방의 알이 부화하는 시기가 나무에서 잎이 나는 시기보다 빨라지면, 애벌레는 먹이를 구하지 못해 굶어 죽게 됩니다. 반대로 너무 늦게 부화한다면, 다 자란 나뭇잎을 먹어야 하는 상황에 직면하겠지요. 이때의 애벌레는 영양실조에 걸리게 돼요. 나무는 어린잎을 키우면서, 애벌레가 먹지 못하도록 잎에 타닌이라는 화학물질을 저장하여 잎을 질기게 만들어요. 그런 잎은 애벌레가 소화하기 힘들답니다. 잎이 피는 시기와 애벌레가 한창 자라는 시기가 일치하지 않으면, 애벌레는 몸이 작아지고 긴 유충 시기를 보내면서 병을 앓거나 천적에게 잡아먹힐 위험에 노출되어 번식률이 낮아지게 됩니다. 그런 불일치가 누적되면, 결국 종이 멸종하기에 이르지요.

한 종의 멸종은 관련된 또 다른 종의 멸종을 부추기게 됩니다. 나방 애벌레는 숲에 사는 박새의 매우 중요한 먹이입니다. 애벌레의 생육 기간과 박새의 산란일에 엇박자가 일어나면, 박새의 번식률이 낮아지겠지요. 그런 현상이 누적된다면, 박새는 멸종될 가능성이 높아질 테고요. 박새는 오랜 시행착오를 거쳐, 숲속에서 애벌레가 가장 많을 시기에 맞춰 짝짓기를 하고 알을 낳고 새끼를 키웁니다. 새끼를 빠르고 건강하게 키우기 위해서는, 단백질인 애벌레를 충분히 사냥할 수 있어야 해요.

그런데 박새와 애벌레가 온도의 변화에 반응하는 정도가 다르다 보니, 이전보다 심한 불일치가 발생하고 있지요. 온난화가 일어나기 전과 후를 비교해 보면 박새의 산란일은 평균 4월 23일, 부화 일은 5월 15일, 양육 기간은 6월 2일까지로 큰 변화가 없었는데, 애벌레의 생물량이 가장 많은 기간은 온난화 전의 평균 5월 28일에서 온난화 후에는 평균 5월 15일로 13일이나 앞당겨졌다는 연구 결과가 있어요.

생물들은 자신에게 가장 잘 맞는 기후대에 살아야 합니다. 그런데 기후변화의 영향으로 평균기온이 빠르게 상승하면, 생물들은 적합한 서식지로 이동하거나 그러지 못할 경우 멸종하고 말 거예요. 평균기온이 상승하면 토양도 점차 건조해집니다. 서식지의 변화로, 건조 토양에 적응력이 약한 식물은 멸종되고 말겠지요. 극한 기상과 기후도 생태계의 피해를 키웁니다. 해수면이 상승하면, 연안 생태계의 변화가 일어나고 서식지의 면적이 줄어들게 됩니다.

중요한 것은 기후변화가 생물다양성 손실에 미치는 영향이 생각보다 크다는 점입니다. 온도가 올라갈수록 손실되는 규모 또한 기하급수적으로 늘어나지요. 생물다양성을 지키기 위해서는 기후위기 문제를 반드시 해결해야 합니다.

지금까지 생물다양성이 어떤 이유로 손실되고 있는지, 왜 우리 주변의 생물들이 사라지고 있는지 알아보았어요. 이제 그 원인을 해소하고 생물다양성을 보전하기 위해 우리 모두가 무엇을 어떻게 해야 하는지 고민할 때입니다.

4장

자연에서 멀어지는 사람들

녹색 갈증, 자연결핍증후군

'자연결핍증후군(Nature deficit syndrome)'은 미국 출신 작가이자 언론인인 리처드 루브(Richard Louv)가 인간과 자연계의 유대가 깨어짐으로써 나타난 정신과 육체의 질병을 문화적으로 설명하고자 고안한 의학적 용어입니다. 요즘 사람들은 예전보다 자연을 접하는 기회와 시간이 한참 부족하지요. 특히 우리나라처럼 도시화율이 90%가 넘는 나라에서는, 아이들뿐만 아니라 청소년들 또한 대부분의 시간을 인공화된 공간에서 보낼 수밖에 없어요. 그래서 예전과 비교했을 때, 자연을 대하는 정도가 많이 약해지고 교감하는 방식 또한 많이 달라진 것 같아요.

리처드 루브는 자연과의 교감 및 자연에서 갖는 놀이와 활동 경험이 현대인의 우울증, 주의력 결핍 등의 질환을 해소하는 데 큰 도움을 준다고 주장합니다. 정서적인 건강뿐만 아니라 비만 예방 등 육체적인 건강 증진에도 도움을 주며, 더 나아가 아이들의 관찰력과 상상력에도 지대한 도움이 된다는 점을 강조하지요.

우리에게는 자연을 향한 본능적인 끌림과 애정이 있는 것 같아요. 그래서 자연과의 일상적인 만남과 정서적 관계가 끊어지거나 부족해지면, 몸과 마음에서 문제가 발생하는 건 아닐까요? 살고 있는 지역에 녹지가 많을수록, 그 지역주민의 정신 건강 상태가 훨씬 좋다는 연구 결과도 있어요. 또 거주지와 공원의 거리가 멀어지면 곧바로 정신 건강이 저하된다는 이야기도 있고요. 어떤 연구에서는 잠깐이라도 녹지공간에 노출된 사람이 그렇지 않은 사람보다 행복감이 상승했다는 결과를 담고 있답니다. 여러 연구를 바탕으로 과학자들은 인간이 자연을 직접 경험하고 체험할 때, 여러 가지 이로움이 많아진다고 한목소리를 내고 있지요.

세계보건기구(WHO)는 건강을 '단순히 질병이 없는 상태가 아닌 신체적·정신적·사회적으로 안정된 상태'라고 정의하고 있습니다. 셀 수 없이 많은 연구들이 자연과의 직접적인 만남이 우리 건강에 긍정적인 효과를 가져온다고 증명하고 있어요. 그렇다면 되도록 자연과 함께하는 삶을 살면 좋겠는데, 우리의 현실은 어떤가요?

일본에서 있었던 일이라고 합니다. 일본은 우리나라보다 빠르게 산업화와 도시화를 겪으며, 다양한 사회문제를 일찍이 경험하고 있어요. 학교, 직장, 가정 할 것 없이 인간관계가 파편화되고, 집단 따돌림이 횡행하며, 이유 없는 폭력과 살인이 늘어나는 등 사회 병리 현상이 심해졌지요.

그런 사회문제를 해결하기 위해 국가적 대책 회의가 소집되었다고 해요. 다양한 분야의 전문가와 정책결정자 들이 지난한 논의를 통해 해결 방안을 마련하였는데, 핵심 정책의 하나로 제시된 내용이 인상적이었어요. 바로 '전 국토의 녹색화'였거든요. 오늘날 일본에서 일어나는 병리 현상의 기저에는 자연과의 단절, 자연에서의 멀어짐, 다시 말해 자연 결핍이 자리 잡고 있다고 진단하여 그런 정책이 나오게 된 것이지요. 그래서 가능한 모든 공간에 자연을 불러들이고 복원하는 정책을 담았던 거예요.

지금 우리에게 가장 시급한 정책은 '모든 공간의 자연화'가 되어야 하지 않을까 생각해 봅니다.

희미해지는 생태 감수성

저는 의학적인 측면보다는, 자연과 멀어지면서 발생할 수 있는 자연과의 교감 능력 상실이 더 두렵습니다. 자연을 바라보는 방식, 생명을 대하는 방식이 예전과는 완전히 다르게 변형되는 것이 더 걱정스럽다는 말이지요. 그런데 그러한 징후들이 이미 나타나는 것 같습니다.

오랫동안 사람들과 대화하면서 주워들은 이야기에 그런 조짐을 보이는 사례가 더러 있더군요. 여러분은 파란색 하면 어떤 이미지가 떠오르나요? 파란 하늘이나 파란 바다가 저절로 떠오르나요? 똑같은 질문을 아이들에게 던졌더니, '화장실 변기'라고 답하는 아이가 있더라는 거예요. 모두가 그런 건 아니지만, 자연과 멀어진 아이들의 현실을 단적으로 보여 주는 사례라고 생각합니다.

아이로서는 솔직한 답변이었겠지요. 아마도 그 아이는 파란색이라는 말에 세정제가 담겨 있는 변기를 떠올렸나 봅니다. 세정제가 담긴 변기 물은 짙은 청색입니다. 도시에서 살아가는 아이들에게는 파란 하늘을 보는 시간보다, 세정제로 파랗게 변한 화장실 변기를 볼 기회가 훨씬 많았을 테지요. 미세먼지와 황사로 뿌연 날이 잦다 보니, 푸른 하늘을 볼 수 있는 날도 그리 많지 않고요. 게다가 하늘 한 번 올려다볼 시간 없이 바쁘게 하루를 보내야 하니, 당연히 자주 보는 변기의 파란색이 떠올랐을 거예요.

오래전 언론에서 화제가 되었던 이야기도 있어요. 초등학생들에게 쌀이 어디서 나는지 아느냐고 물었더니, '쌀나무'라고 대답하더라는 겁니다. 요즘은 쌀이 '마트'에서 나온다고 말하는 아이도 있다고 하더군요. 쌀이 떨어지면 부모님과 마트에 가서 쌀을 사다 보니, 그렇게 생각할 수도 있을 듯합니다.

이번에는 할머니와 공원 산책을 나선 한 남자아이에 대한 이야기인데요. 도란도란 이야기를 나누며 공원길을 걷던 할머니와 남자아이는 흙길을 가로질러 기어가던 작은 벌레를 발견합니다. 그런데 그 벌레에 문제가 생겼나 봐요. 흙길 중간에서 움직임을 멈추더니 꼼짝을 하지 않더래요. 벌레는 꽤 오랫동안 그렇게 움직이지 않은 채로 있었어요. 아마 죽었을지도 모르지요. 그러자 그 모습을 한참 지켜보던 남자아이가 할머니에게 이렇게 말했다는군요. "저 벌레, 배터리가 떨어졌나 봐요. 움직이지 않아요!" 그 말에 할머니는 깜짝 놀랐다고 해요. 애벌레를 마치 장난감처럼 받아들이는 남자아이가 얼마나 안타까웠을까요.

조금 더 이어가 볼게요. 서울에 있는 청계천 이야기입니다. 청계천은 1955년 광통교 상류 지역의 약 136m 하천을 덮어 버리는 복개 공사를 시작으로, 1958~1977년에 전 구간이 복개되고 그 위에 고가 도로가 건설되었어요. 물이 흐르던 청계천은 아스팔트 도로로 탈바꿈되어 사람들의 시야에서 사라졌지요. 그렇게 지금까지 40여 년이 흘렀답니다.

그동안 자연과 하천을 바라보는 관점이 많이 바뀌었어요. 자연 보전과 복원에 대한 시민들의 욕구가 높아지면서, 마침내 2003~2005년에 청계천을 복원합니다. 청계천 복원 사업은 지속되는 내내 온 국민의 관심사였어요. 언론에서도 대대적으로 보도했고요. 복원 사업이 완료되고 일반인에게 공개된 이후, 엄청나게 많은 사람들이 역사의 현장이 되어 버린 청계천을 방문했지요. 언론에서 말했듯이 '자연으로 되살아난' 청계천을 보기 위해, 서울시민뿐만 아니라 지방에서도 많은 사람들이 몰려들었어요.

그 가운데 한 아이와 아빠가 있었답니다. 우연히 그 옆을 지나다, 부자가 나누는 대화를 잠깐 엿듣게 되었는데요. 아빠가 아이에게 이러더군요. "바로 저게 살아 있는 하천의 모습이란다." 저는 깜짝 놀라지 않을 수 없었어요. 그리고 생각했지요. '저 젊은 아빠도 때 묻지 않은 건강한 하천의 모습을 한 번도 본 적이 없는 모양이구나. 언

론에서 청계천이 살아났다고, 자연생태계가 복원되었다고 하니, 철석같이 그 말을 믿고 있나 보다.'

청계천은 자연이 살아 있는 자연 하천과는 거리가 먼 도시 하천입니다. 도시 하천은 아무리 노력해도 과거의 자연 하천으로 되돌아갈 수 없어요. 되돌리기 어려울 만큼 무수한 변형이 일어난 상태이기 때문이지요. 그나마 자연 하천에 가깝게 만들기 위해 노력할 따름이랍니다.

청계천은 사계절 내내 일정한 양의 물이 흐르는 하천입니다. 하지만 원래 우리나라 하천은 가물 때는 수량이 아주 적다가, 여름 장마철에는 물이 콸콸콸 흐르는 특징이 있지요. 청계천에 사계절 내내 일정한 물이 흐르는 이유는 수 km 떨어진 한강에서 물을 끌어와 흘려보내기 때문이에요. 그런 곳을 자연 하천이라고, 자연이 살아난 하천이라고 부를 수 있을까요? 자연과 거리가 멀어지면서, 우리는 자연의 본래 모습이 어떠한지 잊어버렸는지도 몰라요.

우리는 여전히 인간 중심으로 자연을 바라보는 것 같습니다. 일본에서 환경교육을 공부한 지인에게 들은 이야기인데요. 그분은 한국과 일본의 초등학생이 하천을 바라보는 관점에 어떤 차이가 있는지 궁금했다고 해요. 그 주제로 논문을 준비하면서, 일본과 한국의 초등학생에게 '하천이라는 말에서 저절로 떠오르는 단어나 이미지가 있다면 무엇인가요?'라는 질문을 던졌다고 합니다. 여러분이 그런 질문을 받는다면 뭐라고 대답할까요? 일본 아이들이 대답한 단어에서 가장 많이 언급된 것은 '상류, 중류, 하류'라는 말이었다고 합니다. 반면 한국 아이들은 '1급수, 2급수, 3급수'라는 말을 가장 많이 언급했다고 해요.

별 차이가 아닌 것처럼 보이나요? 하지만 저는 엄청난 차이라고 생각해요. 상류, 하류 등의 말은 물의 흐름과 지형의 영향을 받아서 변하는 자연 하천의 특성을 나타내는 단어입니다. 반면 1급수니 2급수니 하는 말은 인간 중심의 사고방식이 반영된 용어예요. 1급수는 깨끗해서 바로 마실 수 있고 물놀이를 해도 무방한 물, 2급수는 깨끗하지만 마시기에는 정화가 필요한 물, 3급수는 오염되어서 바로 이용하기 어려운 물을 의미합니다. 앞선 질문에 아이들뿐만 아니라 어른들도 비슷한 양상을 보이지 않을까 싶네요.

이런 일도 있었습니다. 다양한 양서류가 살고 있는 소중한 공간이라서, 보호지역으로 지정한 곳이 있었어요. 그곳에는 멸종위기종인 맹꽁이를 포함하여 큰산개구리도 살았지요. 양서류는 산란철이 되면 수컷이 암컷을 유혹하는 노래를 불러요. 개구리의 종류마다 약간씩 다르지만, 산란철은 주로 봄과 여름에 걸친 짧은 기간입니다. 그 짧은 산란철 동안 한 마리가 아닌 여러 마리가 암컷을 위해 노래를 부르는데요.

그 노랫소리가 어떤 이에게는 아름다운 자연의 소리로 다가오지만, 또 다른 이에게는 소음으로 들리기도 하나 봐요. 저녁에 개구리 울음소리가 너무 시끄럽다며 민원을 제기한 지역주민이 있었다는군요. 그러자 보호지역을 관리하는 구청에서 민원을 해결하기 위해, 개구리가 살고 있는 습지에 농약을 쳐서 개구리를 몰아냈다고 해요. 자연과 멀어지면서, 우리는 자연의 소리를 소음으로 받아들이기 시작한 거예요. 자연과 함께해야 한다는 열린 마음이 우리에게 점점 사라지고 있는 것 같아 안타깝기만 합니다.

요 몇 년 사이에 도시 지역에서 곤충 대발생으로 인한 민원이 많이 발생하고 있어요. 동양하루살이는 우리나라와 일본, 중국 등 동아시아 지역에 분포하는 하루살이 종류예요. 길이는 18~22mm쯤으로, 크지 않은 곤충입니다. 어릴 때는 얕은 호수나 흐르는 하천 밑의 모래밭에 파묻혀 생활하고, 늦봄과 여름철에 대량으로 우화(羽化)하여 하천 주변의 도시와 상가 불빛을 따라 모여들지요.

동양하루살이의 성충은 짧으면 몇 시간에서 1, 2주일가량 살아요. 수명이 그리 길지 않은 곤충인 거예요. 수질이 양호한 물(2급수)에서 서식하는 특징이 있어서, 수질 오염을 나타내는 지표종 가운데 하나이기도 하답니다. 동양하루살이가 살고 있다면 오염이 심하지 않은 물이라고 볼 수 있는 것이지요. 예전에는 한강에 서식하는 동양하루살이가 아주 드물었어요. 그런데 다양한 노력을 통해 한강 물이 깨끗해지자, 동양하루살이 개체수가 급격히 늘어나고 있지요.

동양하루살이(출처: 국립생물자원관)

생태환경 측면에서 보면, 기뻐하고 반가워해야 할 일임이 분명합
니다. 그런데 사람들은 그렇게 받아들이지 않아요. 동양하루살이를
징그럽고 혐오스러운 벌레라고 생각하며, 관계 당국이 빨리 조치해
야 한다고 입을 모으지요. 이 또한 자연에서 멀어진 인간의 모습을
보여 주는 단면이 아닐까요?

생태맹 진단, 나의 생태 감수성 지수는?

여러분은 '생태맹(生態盲)'이라는 말을 들어 본 적이 있나요? 대부분 처음 들어 보았을 거예요. 새로 생긴 말이거든요. 생태맹이라니, 무슨 뜻일까요? 색맹이라는 말은 들어 본 적이 있지요? '색맹(色盲)'이란 색조를 식별하는 능력이 없는 상태를 뜻합니다. 색맹인 사람은 색깔을 잘 구분하지 못해요. '문맹(文盲)'은 글을 읽거나 쓸 줄을 모르는 상태를 말합니다. 또 '컴맹'은 컴퓨터를 잘 다루지 못하는 사람을 의미하고요. 이렇듯 어떤 상태에 도달하지 못하거나 부족한 상태를 이를 때 '맹'이라는 단어를 붙여 말을 만드는 경우가 있습니다.

지금쯤은 생태맹이 무엇을 의미하는 말인지 짐작이 가지요? 조금씩 차이는 있겠으나, 저는 생태맹을 '자연과 생태에 대한 이해가 부족하거나 알고자 하는 의지가 없으며, 자연을 대하는 방식이 폭력적인 상태'로 이해합니다. 20세기가 개발의 시대라면, 21세기는 환경과 생태의 시대라고 말하는 이들이 부쩍 늘었어요. 저도 그렇게 생각합니다. 이런 세상에서는 생태맹을 극복하는 일이 우리 모두의 숙제가 될 테지요.

자, 여러분은 생태맹인가요? 생태맹인지 아닌지를 진단해 봐야 그에 맞는 처방을 할 수 있겠지요? 심도 있는 연구를 거친 것은 아니지만, 누구나 쉽게 열네 가지의 질문을 통해 스스로 진단해 보는 간단한 방법을 만들어 봤어요. 자, 지금부터 이런저런 몇 가지 질문을 할 거예요. 함께 답을 찾고 의미를 생각해 봐요. 그리고 나의 생태 감수성이 어느 정도인지 판단해 보자고요.

첫 번째 질문에 들어갑니다. 지구의 나이를 1년 365일로 축소했을 때, 인류의 조상이 지구상에 태어난 날은 언제쯤일까요? 여러분은 지구의 나이가 몇 살인지 알고 있나요? 자그마치 46억 살이랍니다. 최초의 식물이 육상에 진출한 것은 약 4억 6,000만 년 전으로 알려져 있고요.

너무나 큰 수인지라, 지구의 탄생부터 현재까지를 1년으로 바꿔 생각해 봤어요. 그러니 1년 전에 지구가 탄생한 셈이지요. 시간이 한참 흘러서 최초의 생명이 나타나고, 식물과 동물이 순차적으로 태어났어요. 그리고 오랜 시간이 흘러 바로 5분 전에 하나의 생명이 지구상에 모습을 보였네요. 혹시 누군지 짐작이 가나요? 이것이 첫 번째 질문이랍니다. 답은 인류입니다. 수많은 인류의 조상에서 마지막으로 살아남은 존재가 바로 호모 사피엔스라고 불리는 현생 인류지요.

어떤 사람은 이렇게 생각하기도 합니다. 인간은 만물의 영장(가장 뛰어나 영묘한 능력을 지닌 존재)으로, 지구상에 있는 다른 모든 존재보다 뛰어나며 그래서 그들을 다스릴 자격이 있다고요. 다른 생명은 오로지 인간을 위해 존재하며, 인간에게 이로움을 주었을 때만 쓸모와 가치가 있다고 말입니다.

그러나 지구의 역사에서 보면, 인간이라는 존재는 1년의 자정이 되기 5분 전에 세상에 태어난 갓난아기에 불과합니다. 심지어 조그마한 개미마저도 인류보다 훨씬 오래전인 1억 2,000만 년 전에 태어났어요. 우리 할아버지의 할아버지의 할아버지의 할아버지보다도 훨씬 오래전에 지구에 나타나 지금까지 생존해 온 동물인 것이지요. 그러니 우리는 겸손해지고 또 겸손해질 필요가 있어요. 어때요, 제 이야기에 동의하나요? 첫 번째 질문을 통해 함께 생각해 보고 싶었던 내용입니다.

두 번째 질문입니다. 이 지구상에 살고 있는 생물종은 모두 얼마나 될까요? 우리는 인간 중심으로 생각하는 경향이 강해서, 다른 생물에 대해서는 관심이 적은 편입니다. 주변에 눈 돌릴 시간도 많지 않다 보니, 다른 생명들이 우리 옆에서 살고 있다는 생각을 잘 하지 못해요. 하지만 지구는 생물다양성의 보물창고랍니다. 수많은 생명이 지구상에 살고 있고, 그런 생물다양성 때문에 지구가 다른 행성과 달리 특별한 곳이라 생각합니다.

그렇다면 구체적으로 얼마나 많은 생물이 지구에 살고 있을까요? 그 누구도 정확한 숫자를 알 순 없지만, 그래도 엄청나다는 것만은 알고 있지요. 앞에서 말했다시피, 관찰 기록된 생물이 자그마치 187만~200만 종에 이른답니다. 아직 발견하지 못한 생물까지 합하면 대략 1,000만 종이나 된다고 해요. 그러니 지구에 사는 생명은 오로지 인간이고, 나머지는 자원일 뿐이라는 생각을 떨쳐내야 합니다. 인류를 포함하여 187만 종 이상이 함께 살아가고 있다고 생각해야 해요. 어때요, 동의할 수 있나요?

　세 번째 질문입니다. 여러분이 하루에 소비하는 물의 양이 얼마나 되는지 알고 있나요? 우리나라 사람 일인당 하루에 사용하는 물의 양은 280L라고 합니다. 세계 평균으로 보자면 하루에 일인당 110L라고 하니까, 우리나라 사람들이 2.5배를 더 많이 사용하는 셈이에요. 가게에 가서 2L짜리 생수를 140개 사다가 하루에 다 써 버린다고 생각해 보세요. 싸게 살 때 한 병당 850원 정도에 구입할 수 있으니, 140개면 11만 9,000원이 들겠지요. 우리는 매일 11만 9,000원의 물을 사용하고 있는 거예요. 4인 가족이라면 매일 47만 6,000원이 들고, 한 달 동안 1,428만 원을 쓰는 셈이네요. 숫자로 보니, 작은 일이 아님을 알 수 있지요?

　우리가 사용하는 수돗물은 생수처럼 마실 수 있는 물입니다. 그런 물을 만들기 위해서는 다양한 기계장치와 약품, 에너지를 사용해야 해요. 그 모든 것에는 돈이 들어갑니다. 비록 수돗물 사용료는 매우 낮게 책정되어 있지만, 우리는 다른 방식으로 결국 매달 1,400만 원에 달하는 금액을 지불하고 있어요. 그리고 그 과정에 피치 못한 환경문제를 일으키기도 합니다.

그러므로 물 소비를 줄여야 합니다. 그럼으로써 환경에 미치는 부정적 영향을 최소화하는 데 이바지해야 해요. 우리 집에서 소비하는 물의 양을 계산하는 것부터 시작해 보자고요. 그리고 평균보다 물 소비를 줄이는 방법을 찾아보고 실천해 가면 좋겠어요. 제 이야기에 공감이 되나요?

네 번째 질문을 할게요. 우리 집이 매달 사용하는 전기량이 얼마나 되는지 알고 있나요? 매달 집으로 배송되는 전기요금 고지서가 있습니다. 종이로 송달되기도 하고, 전자고지서 형태로도 받을 수 있지요. 전기요금 고지서를 보면, 한 달 동안 집에서 사용한 전기량을 확인할 수 있어요. 고지서에는 친절하게도 작년 동월 전기 소비량, 그 지역의 동월 평균 전기 소비량, 같은 규모의 가구에서 소비하는 평균 전기 소비량을 표시하고 있지요. 전기를 평균보다 많이 소비하는지, 적게 소비하는지를 비교할 수 있도록 돕는 거예요. 참고로, 우리나라 4인 가구는 평균 300kWh 정도의 전기를 사용한다고 하네요.

전기를 생산하고 전송하기까지는 많은 에너지와 돈이 들어갑니다. 따라서 전기 소비량을 줄이는 일은 매우 중요하답니다. 특히 전기를 생산하기 위해 석탄과 천연가스를 사용하는 경우에는 엄청난 온실가스를 배출하기 때문에, 기후위기를 악화하는 결과를 초래합니다.

다섯 번째 질문입니다. 여러분이 매일 버리는 쓰레기가 어떻게 처리되는지 알고 있나요? 쓰레기 문제는 앞에서도 말했기 때문에, 이번 답은 쉽게 맞힐 수 있을 것 같네요. 환경부의 '전국 폐기물 발생 및 처리 현황 자료'를 보면, 우리나라에서 1년 동안 발생하는 폐기물은 1억 9,546만t으로 거의 2억t에 달해요. 올림픽경기 수영장 8만여 개를 가득 채울 만한 양입니다. 얼마나 많은 양인지 상상이 되나요?

쓰레기는 어디서 배출되는지, 배출 성분의 위험성이 어느 정도인지에 따라, 생활폐기물, 사업장폐기물, 건설폐기물, 지정폐기물로 나눕니다. 생활폐기물은 다시 가정에서 나오는 생활폐기물과 사업장에서 나오는 생활계 폐기물로 나누지요. 가정에서 나오는 생활폐기물은 우리가 쓰레기봉투에 담아 버리는 쓰레기, 재활용품으로 내놓는 쓰레기, 음식물쓰레기를 모두 포함해요. 각각의 쓰레기별 배출 비율은 생활폐기물이 8.9%, 사업장의 생활계 폐기물이 2.7%, 사업장폐기물이 41.4%, 건설폐기물이 44.2%, 지정폐기물이 2.9%입니다. 각각의 쓰레기마다 처리하는 업체, 기준, 단계, 방법, 최종 처리 과정 등이 모두 다르지요.

가정에서 매일 버리는 생활폐기물(생활 쓰레기)만 일단 들여다볼게요. 우리의 행위와 직접 연결되어 있으니까요. 우리가 버리는 생활

쓰레기의 총량은 1년에 1,730만t, 하루에 4만 7,397t입니다. 일인당으로 환산하면 매일 한 사람이 0.89kg가량의 쓰레기를 배출하고 있는 셈이에요.

편하게 계산하기 위해 하루에 1kg의 쓰레기를 버리는 것으로 가정하면, 한 달에 30kg, 1년에 360kg의 쓰레기를 배출하는 셈이 돼요. 그렇게 배출된 쓰레기는 여러 방식으로 환경에 부담을 준답니다. 게다가 쓰레기를 처리하려면 돈이 많이 들기 때문에, 경제에도 적지 않은 영향을 미치지요.

쓰레기봉투에 담아 배출하는 쓰레기는 수거를 거쳐 임시 적환장에 모은 후, 쓰레기 소각장(자원회수시설)으로 가져가 태우거나 쓰레기 매립지로 가져가 땅에 묻습니다. 소각장에서 태우고 남은 재도 결국은 매립지로 가져가서 묻어 버리는데, 다른 용도로 재활용하기도 해요. 음식물쓰레기는 별도의 쓰레기봉투나 음식물쓰레기 보관함에 배출하면, 관리업체가 수거해서 음식물 재활용 시설로 가져간 후 여러 공정을 거쳐 퇴비로 만들어 재활용합니다.

재활용이 가능한 쓰레기는 한꺼번에 모아 재활용 선별장으로 가져가서 재분류 작업을 거친 후, 종류별로 재활용 시설로 보내 처리합니다. 그 과정에서 재활용하기 힘든 쓰레기는 다시 소각장이나 매립지로 보내지요.

지금까지 우리가 배출하는 쓰레기와 그 처리 과정에 대해 간단하게나마 살펴봤습니다. 그렇듯 쓰레기를 처리하기 위해서는 적환장, 소각장, 재활용 선별장, 음식물 재활용 센터, 매립지 등 다양한 쓰레기 처리시설이 필요합니다. 그러나 아무리 처리시설이 완벽하다 해도, 쓰레기가 많이 배출될수록 수질 오염, 토양 오염, 대기 오염, 악취, 소음 등의 환경문제는 더욱 심해질 수밖에 없습니다. 그리고 관련 업종에서 일하는 많은 노동자들에게 고통을 안겨 주지요. 그러니 내가 무심코 버리는 쓰레기가 어떤 과정을 거쳐서 처리되고 또 어떤 문제를 일으키는지에 대한 직관적 이해와 감수성이 필요합니다. 이해와 감수성의 정도에 따라, 행동의 차이가 나타날 테니까요.

여섯 번째 질문을 하겠습니다. 여러분은 화장실 변기에 눈 똥이 어떻게 처리되는지 알고 있나요? 질문이 조금 지저분하다고요? 사람과 동물의 분변을 전문으로 연구하는 사람도 있다고 해요! 어떤 자료를 보니, 건강한 사람이라면 남녀노소 가리지 않고 최소한 하루에 한 번 이상, 한 번에 대략 250~500g의 똥을 눈다고 합니다.

서울시에 사는 사람이 1,000만 명이잖아요(2023년 기준으로, 980만 명쯤이라고 함). 단순하게 계산해 보면, 매일매일 서울에서 생성되는 똥의 양이 무려 최대 500만kg인 셈이에요! 저렇게 엄청난 양의 똥이 어디에 숨어 있는지 궁금하네요. 그처럼 많은 똥이 매일매일 만들어지고 있는데, 과연 어떻게 처리되는지도 궁금하고요. 여러분도 알고 싶지 않나요? 자료를 찾아보니, 생활방식, 화장실 유형, 도시와 농촌 등에 따라 처리하는 방법과 과정이 다름을 알 수 있었어요. 그리고 거기에는 우리가 생각하는 것보다 많은 처리시설과 돈이 필요하답니다.

똥이 처리되는 과정을 간단하게 살펴볼까요? 정화조에 모인 똥은 일정 시기가 되면 정화조 청소 차량에 실려 분뇨 처리장으로 이동해요. 이른바 혐오시설이라, 대부분 사람의 눈길이 잘 닿지 않는 외곽이나 하천 인근에 설치되는 경우가 많습니다. 분뇨 처리장을 하천 인근에 설치하는 또 하나의 이유는 똥과 분리한 물을 더욱 편하게 방류하기 위해서예요.

분뇨 처리장에서는 건더기와 물을 분리하는 작업을 진행합니다. 우선 건더기는 여러 물리·화학적 과정을 거쳐 불로 태우거나 땅에 묻거나 비료로 만들어 사용해요. 물 또한 여러 물리·화학적 과정을 거쳐 2~3급수 정도로 정화한 후 하천으로 방류하지요. 하천으로 방류한 물은 순환 과정을 거친 후, 결국 우리가 마시는 수돗물이 되겠지요?

그 모든 과정은 눈에 잘 띄지 않습니다. 인간의 몸에서 나온 것인데도, 대체적으로 사람들은 똥을 꺼리고 싫어합니다. 그렇다 보니 은밀하고 조용하게, 보이지 않는 곳에서 처리되는 것이지요. 어쨌든 그런 과정을 거치면서 최초의 똥은 사라지지만, 어떤 형태로든 물과 흙과 대기 중으로 흩어져 환경과 우리 몸에 영향을 미친답니다.

일곱 번째 질문을 할게요. 오늘 아침 내가 마신 생수 한 컵이 어쩌면 1억 년 전 난폭한 티라노사우루스가 이동 중에 싼 오줌물일 수도 있을까요? 저는 그럴 수 있다고 생각해요. 1억 년 전에 지구상에 존재했던 모든 물의 양과, 지금 우리가 사는 세상에 존재하는 모든 물의 양을 비교하면 어떨까요? 물의 총량은 늘었을까요, 줄었을까요? 아니면 같을까요? 놀랍게도 거의 동일하다고 합니다.

최초의 물이 생성된 이후로, 지구상 물의 총량은 큰 변화 없이 존재했다고 해요. 다만 끊임없는 물의 순환과 기후변화의 영향으로, 어떨 때는 빙하의 형태로, 어떨 때는 수증기, 하천, 지하수 등의 형태로 변화할 따름이지요. 그런데 의외로 많은 사람들이 예전이나 지금이나 물의 총량이 변함없다는 말에 쉽게 동의하지 못한답니다. 물 부족이란 말을 하도 많이 들어 왔기 때문이지요. 그렇다면 물 부족 현상은 왜 일어나는 걸까요?

첫 번째 이유로, 인구 증가를 들 수 있을 거예요. 물의 양은 일정한데 인구수가 늘어난다면, 그만큼 일인당 물의 양은 줄어드는 셈이지요. 다른 하나는 이용할 수 있는 깨끗한 물이 줄어들고 있다는 거예요. 정화조차 할 수 없을 만큼 오염된 물은 우리가 이용할 수 없기 때문이에요. 마지막 이유는 기후위기로 기상이변이 심해지면서, 필요한 장소와 시기에 적정하게 물을 이용하지 못하게 된 점을 들 수 있어요. 물이 순환한다는 속성을 잘 이해한다면, 물을 다루는 방식이 완전히 달라질 거라고 생각해요. 함부로 물을 낭비하지 않고, 물을 오염시키지 않게 되겠지요. 여러분도 저랑 같은 생각을 하고 있나요?

여덟 번째 질문은 새에 대한 것이에요. 야생에서 사는 새를 야생조류(野生鳥類)라고 합니다. 우리나라에서 볼 수 있는 야생조류는 텃새, 철새, 나그네새를 포함하여 대략 580여 종이라고 해요. 여러분은 야생조류를 몇 종이나 알고 있나요? 물론 이름을 말할 수 있다고 해서 그 새를 아는 것이라고는 할 수 없겠지요. 그래도 이름만이라도 제대로 알고 있는 새가 몇 종이나 되는지 종이에 한번 적어 보세요. 580여 종의 야생조류 가운데 10% 이상은 적었나요?

요즘 새를 좋아하는 사람들이 부쩍 늘었습니다. 공원이나 습지를 돌아다니다 보면, 목에 쌍안경을 걸고 손에 작은 새 도감을 든 채 새를 관찰하는 사람들을 가끔 만날 수 있어요. 새를 관찰하는 일을 '탐조(探鳥)'라고 해서, 그런 사람들을 '탐조인'이라고 부르지요.

새에게는 독특한 매력이 있어요. 우선 새에게는 인간이 갖지 못한 날아다니는 능력이 있습니다. 또 새마다 고유의 깃털 색과 형태, 울음소리를 지니지요. 새는 알면 알수록 사람을 끌어들이는 힘이 있어요. 탐조는 혼자 하는 것도 재미있으나 함께 하면 더욱 흥미진진하답니다. 도감에 나온 모든 새를 만나 보는 것이 '버킷 리스트'인 사람도 심심찮게 있더라고요. 여러분도 새의 매력에 풍덩 빠져 보면 어떨까요?

아홉 번째 질문입니다. 지금부터 우리나라에 자생하는 나무 이름을 종이에 적어 봅니다. 우리나라에서 볼 수 있는 나무는 외래종을 포함하여 모두 734여 종인데, 그중 자생하는 나무는 615여 종이라고 해요. 특히 한반도에서만 자라고 있어서 특별한 가치가 있는 고유종은 70여 종이라고 알려져 있습니다. 거기서 대략 10%를 목표로, 내가 알고 있는 나무가 어느 정도인지 적어 보세요.

나무 역시 보면 볼수록 신비한 존재입니다. 5,000년을 거뜬히 살아내기도 하고, 100m를 훌쩍 넘을 때까지 자라는 존재이기도 하지요. 무엇보다 태양에너지와 몇 가지 재료를 이용하여 영양물질을 만들어 내는 특별한 존재입니다. 다른 모든 생명들이 그 영양분을 에너지로 삼아 삶을 영위하지요. 만약 우리 주변에 나무가 하나도 없다면 어떤 모습일지, 우리 삶에 어떤 변화가 일어날지, 그리고 이 세상에 어떤 일이 벌어질 수 있을지 한번 상상해 보세요.

집 근처와 아파트 단지 내에 한 그루의 나무도 없다면, 길가에 자라던 가로수도 어느 날 모두 사라져 버린다면, 그늘을 만들어 주던 공원의 싱그러운 나무들도 모두 떠나 버린다면, 산에서 숲을 이루던 다종다양한 나무들이 한꺼번에 멸종해 버린다면, 그래서 일시에 모든 나무가 사라진 세상이란 어떤 모습일까요? 얼마나 삭막할까요? 그저 삭막하기만 할까요? 삶 자체는 가능할까요?

우리는 나무로부터 수많은 혜택을 받고 있습니다. 아낌없이 내주는 나무에게 최소한의 고마움을 표현하고 싶다면, 우선 이름을 불러주는 것부터 시작해 보면 좋겠어요.

열 번째 질문입니다. 이름을 적는 것으로는 마지막 질문이에요. 이번에는 초본식물입니다. 나무와 구분해 풀이라고도 부르지요. 우리나라에서 볼 수 있는 풀은 대략 2,419종에 이른다고 합니다. 초본식물은 다시 다년생, 이년생, 일년생으로 구분할 수 있는데, 여러해살이풀은 1,866여 종, 두해살이풀은 164여 종, 한해살이풀은 389여 종이 분포하고 있어요.

'풀'이라고 하면 연상되는 이미지가 있나요? 저는 먹을거리가 먼저 떠올라요. 밥상에 오르는 나물 반찬들이 모두 풀로 요리한 음식이지요. 풀이 없었다면 우리 식단이 지금처럼 풍성하지는 못했을 거예요. 온갖 나물을 넣고 비벼 먹는 비빔밥을 좋아하는지라, 풀들에게 고맙다는 말을 전하고 싶네요.

옛날이야기 하나 들려줄게요. 과거에는 딸을 결혼시키기 전에 들나물, 산나물 시험을 보는 집이 있었다고 해요. 결혼 적령기가 다가오는 딸을 시집보내도 되는지 판단하기 위한 방법 가운데 하나였다고 하는군요. 들과 산으로 처녀를 데리고 다니면서 먹어도 되는 풀과 안 되는 풀을 구분하는지, 먹을 수 있는 풀은 어떻게 요리하는지를 확인했다고 해요. 그래서 여전히 배울 게 많다고 판단되면, 결혼

시기를 늦추거나 '집중 학습'을 진행했다고 합니다. 그럴 법한 이야기라고 생각해요. 지금과 달리, 옛날에는 대부분 먹을거리가 풀이었잖아요. 그것도 손수 키우거나 들과 산에서 채취한 식물들로 밥상을 준비해야 했으니, 식물에 대한 지식은 삶과 죽음을 판가름할 정도로 중요했겠지요. 그 기준을 현대에 적용한다면, 결혼하여 자립할 수 있는 사람들이 과연 얼마나 될까요?

자, 이번에도 이름 적기의 기준을 우리나라에 사는 풀의 10%로 해 볼게요. 그러면 최소 240종 정도는 알고 있어야겠지요? 빈 종이에 여러분이 알고 있는 풀 이름을 써 보세요.

이와 같은 내용으로 많은 사람들과 이름 적기를 해 보았답니다. 그런데 새, 나무, 풀 이름을 10% 이상 적어 내는 사람들이 드물더군요. 그 분야를 전공하지 않은 이상 학교에서 중요하게 배운 적도 없고, 옛날과 달리 주위 사람과 정보를 나누는 경험도 거의 없기 때문일 거예요. 그렇다고 스스로 우리 주변의 생명에 관심을 두고 공부를 따로 하는 사람이 많은 것도 아니고요. 이게 현실입니다.

열한 번째 질문입니다. '파리는 해충이고, 전혀 쓸모없는 존재이다. 살 가치도 없으니 죽여도 된다.' 여러분도 그렇게 생각하나요? 파리를 해충이라고 부르는 것은 옳지 않습니다. 파리는 그 자체로 존재할 이유가 있는 생명입니다. 게다가 생태계에서 굉장히 다양한 일을 맡고 있지요. 우리는 파리와 함께 살아가야 합니다.

저는 오래전에 파리를 해충이라고 부르는 게 당연하다고 생각했습니다. 그러다 조안 엘리자베스 록(Joanne Elizabeth Lauck)이 쓴 『세상에 나쁜 벌레는 없다』라는 책을 읽으면서 생각이 완전히 바뀌었어요. 사람에게는 파리가 귀찮은 존재이긴 하나, 달리 생각해 보니 파리에겐 아무런 죄가 없는 거예요.

파리가 우리 주변에 들끓는 이유는 십중팔구 부패한 음식물 때문이에요. 파리는 분해자라는 임무를 생태계로부터 부여받았답니다. 그래서 썩는 냄새가 풍기기만 하면 분해자라는 자기 일을 다하기 위해 득달같이 날아오지요. 만약 파리가 지구상에 존재하지 않는다면 어떻게 될까요? 분해되지 못한 온갖 사체와 분비물로 지구가 부패해 버리지 않을까요? 게다가 파리는 중매쟁이 역할도 합니다. 이 꽃 저 꽃을 찾아다니며 꽃가루를 옮겨 수정을 돕지요. 그런 이유로 파리가 멸종하면 그와 함께 수많은 식물도 멸종할 수 있다고 우려하는 것이랍니다.

이래도 파리가 해충이고 가치 없는 존재이며, 따라서 지구상에서 영원히 박멸해야 하는 대상일까요? 바퀴벌레나 모기 등 우리가 싫어하는 모든 생물이 존재 이유와 가치를 지니고 있다는 사실을 알아야만 해요.

열두 번째 질문입니다. 개나리, 백목련, 진달래, 산철쭉 중에서 꽃보다 잎이 먼저 나는 식물은 무엇일까요? 답은 산철쭉입니다. 개나리, 백목련, 진달래는 꽃이 먼저 피고 그다음에 잎이 나오는 식물입니다. 하지만 산철쭉은 잎이 먼저 나온 후 꽃을 피우기에, 잎과 꽃을 한꺼번에 볼 수 있어요.

개나리, 백목련, 진달래, 산철쭉은 봄을 알리는 대표적인 식물이랍니다. 워낙 친숙한 식물이라 이름을 모르는 사람은 거의 없을 테지요. 공원이나 아파트 안에서 아주 쉽게 볼 수 있으니, 꽃을 모르는 사람 또한 없을 거고요. 하지만 의외로, 꽃이 지고 난 후의 나무는 못 알아보더라고요. 그만큼 관심을 덜 가진다는 뜻이겠지요.

열세 번째 질문을 해 볼까요? 여러분은 지금까지 몇 그루의 나무를 심어 보았나요? 자연을 보전하고 회복하는 방법 가운데 가장 기본적이고 효과적인 것은 나무 심기일 거예요. 그리 어려운 일도 아니고요. 정부와 자치단체를 포함한 많은 기관과 단체 및 기업 등에서, 시민 참여 방식으로 나무 심기를 활발하게 진행하고 있답니다. 그러니 조금의 수고만 더하면, 누구나 나무 심기에 동참할 수 있어요.

오늘날 전 세계적으로 시급하게 해결해야 하는 환경문제를 들자면 기후위기, 생물다양성 위기, 사막화 위기, 대기 오염 위기를 빼놓을 수 없지요. 나무 심기는 그 문제를 해결하는 데 직간접적으로 큰 영향을 미치는 확실한 방법입니다. 매년 한 그루 이상의 나무를 심는다면, 놀라운 미래를 함께 만들어 낼 수 있을 거예요.

열네 번째 질문입니다. 정기적으로 후원하거나, 회원 자격으로 자원봉사 활동에 참여하고 있는 비영리 환경단체가 있나요? NGO, NPO란 용어를 들어 본 적이 있는지 모르겠네요. NGO(Non Government Organization)란 비정부기구를 뜻하고, NPO(Non Profit Organization)는 비영리조직을 말합니다.

국가는 크게 정부(행정)와 기업(시장) 그리고 시민사회의 3개 영역으로 구성된다고 합니다. 시민사회는 때로는 정부 및 기업과 경쟁하며, 때로는 그들을 감시하고 견제하면서 견인하는 역할을 담당합니다. 비슷한 가치와 의도를 지닌 시민들이 자발적으로 결사하고, 결사체 사이의 경쟁과 협력을 통해 사회의 지속 가능한 발전을 추구하지요. 그런 결사체들은 비영리적인 방식으로 운영되는 경우가 많은데, 그 취지에 공감하는 시민들의 참여와 후원이 있어야만 한답니다. 시민들의 참여와 후원이 많아질수록 결사체의 활동과 영향력이 커지지요.

여러분도 환경 보전을 목적으로 하는 결사체를 적극 후원하고 그 활동에 참여해 보면 어떨까요? 그럼으로써 여러분 스스로 자연과 조화로운 세상을 만드는 데 기여하는 거지요. 생물다양성을 보전하고 기후위기, 사막화 위기, 대기 오염 위기 등 다양한 환경문제를 해결하는 데 큰 도움이 될 거예요.

지금까지 생태맹을 감별하기 위해 열네 개의 질문을 살펴보았습니다. 열네 가지 항목 가운데 공감이 가는 것은 몇 개나 되던가요?

공감하는 항목이 일곱 개 이하라면, 자신의 생태적 감수성이 낮은 것은 아닌지 고민해 보아야 합니다. 자, 여러분은 어떤가요? 생태적 감수성을 풍부하게 만들기 위해 노력해야 하는 상태는 아닌가요?

5장

과거에서 배우는 공생의 마음

'오래된 미래'

더 이상 자연을 개발과 이용의 대상으로 보지 말자는 논의가 활발하게 일어나고 있습니다. 자연과 공생하고 공존해야 한다는 목소리도 높아지고 있어요. 과연 어떤 마음을 지녀야 자연과 함께하는 일이 가능할까요?

'오래된 미래'라는 말이 있습니다. 우리가 만들고 싶은 미래는 새로이 창출해야 하는 것이 아니라, 이미 과거에 있었다는 뜻이지요. 특히 자연과의 조화로운 삶은 이미 과거에 존재했던 삶의 양식이랍니다. 지금부터, 오래전의 삶을 통해 공생하고 공존하는 마음과 지혜를 알아볼까요?

까치밥을 남겨 놓는 마음

'까치밥'이라고 들어 보았나요? 늦가을, 감나무 꼭대기 주변에 달린 홍시를 까치밥이라고 부르는데요, 까치를 위해 남겨둔 감이라는 뜻이지요. 먹을 것이 부족했던 옛날에는, 가을에 붉게 익은 감이 긴 겨울 동안 요긴한 먹을거리 중 하나였어요. 사계절이 뚜렷한 우리나라에서는 가장 견디기 어려운 계절이 겨울입니다. 추위를 견디지 못하면 생명을 잃을 수도 있어요. 그래서 겨울 준비가 아주 중요하지요.

제가 어렸을 때 우리 집에는 겨울 준비를 위한 연례행사가 있었는데요, 지금도 선명하게 기억하고 있답니다. 늦가을이 되면 어머니는 집 안의 문짝을 모두 뜯어낸 후, 얇아진 창호지를 새로운 창호지로 교체했어요. 꼼꼼하게 문풍지를 붙이는 일도 빼놓지 않았지요. 겨울의 찬 바람을 막는 작업이 완료되면, 난방에 필요한 연탄을 구입했어요. 시커먼 연탄을 창고 안에 가득히 채우고 나면, 마음부터 따뜻해지곤 했답니다. 하지만 그것만으론 부족하지요. 가장 중요한 게 남았거든요. 바로 겨울 식량 말이에요. 김장을 하고, 묵나물을 만들고, 쌀을 넉넉하게 비축하고 나면, 그제야 겨울을 거뜬히 넘길 수 있었답니다.

사람들이 겨울 준비로 바쁜 사이, 자연의 많은 생물들도 겨울나기로 분주해집니다. 오랜 세월을 거치며 생물들마다 다양한 방식의 겨울나기를 개발했어요. 곰과 같은 동물은 가을 내내 많은 먹이로 몸을 살찌운 후 겨울잠에 들어가지요. 다람쥐는 겨울을 준비하기 위해 식량을 이곳저곳에 차곡차곡 저장해 놓고, 겨울 동안 찾아 먹는답니다.

먹이를 저장하지 않는 새들은 한겨울에도 먹이를 찾아 하루 종일 돌아다녀요. 그러다가 잠시라도 혹한이 찾아오고 먹이를 구하지 못하는 날이 조금이라도 길어지면 목숨을 잃게 되지요. 식물들도 대부분 겨울나기에 들어가기 때문에, 겨울이 되면 일부 열매와 씨앗을 빼놓고는 숲속에서 먹이를 쉽게 찾을 수 없는 게 현실이에요. 그래서 박새와 같은 작은 새들은 추운 겨울이 지나면 그 수가 절반가량 줄어든다고 해요. 겨울나기에 성공하지 못하고 죽는 것이지요. 까치밥을 남겨 놓는 마음. 우리 조상님들은 그런 자연의 사정을 잘 알고 있었던 듯합니다.

콩 세 알을 심는 마음

"콩 세 알을 심는다"라, 누구에게 들었던 말인지 기억이 가물거리네요. 자료를 찾아보니, 의성에서 똥지게를 져 나르며 퇴비를 만들어 사과 농사를 짓던 농부 김영원 님이 한 강연에서 했던 말이라고 하는군요.

"옛날 농민들은 밭에 콩을 심을 때 한 구덩이에 세 알씩 넣었는데요, 하나는 공중의 새를 위해, 하나는 땅의 버러지를 위해, 나머지 하나는 인간을 위해서입니다. 새나 버러지, 즉 자연과 공존하지 않는 인간 중심적인 탐욕을 가져서는 안 된다는 이야기입니다. 새나 버러지가 살 수 없는 세계에서는 사람마저 살아갈 수 없기 때문입니다. 자연 및 다른 생명체와 공존하지 못하면 인류는 파멸할 것입니다. 이 공존의 문화를 살려 나갈 공동체 문화는 자본주의와 사회주의의 모순과 대립을 동시에 극복하는 제3의 방향으로 제시될 것입니다. 결론적으로 말하면 유기농업은 생명의 농업으로, 그러한 공동체 문화의 기반이라고 할 수 있습니다."

당시 그 이야기를 들으며 '와!' 하고 속으로 감탄했던 것 같습니다. 옛날 농부들은 콩을 재배하기 위해 씨앗을 땅에 심을 때, 한 구멍에 세 알의 콩을 심었다고 합니다. 하나는 들짐승을 위해, 다른 하나는 날짐승을 위해, 남은 하나는 콩을 심는 농부를 위해서랍니다. 다른 생명을 배려하는 마음이 깃들어 있는 것이지요.

또 다른 각도에서 볼 수도 있어요. 과거의 농부들은 오랜 경험을 통해, 씨앗을 넉넉히 심지 않으면 배고픈 다른 생명들로 인해 콩을 제대로 수확할 수 없다는 사실을 알게 되었는지도 몰라요. 그래서 아예 처음부터 콩을 넉넉히 심기로 한 건 아니었을까요.

대나무 지팡이를 짚는 마음

상장(喪杖)은 부모님이 돌아가신 상중(喪中)에 쓰는 지팡이를 말합니다. 아버지가 돌아가시면 대나무 지팡이를 사용하고, 어머니가 돌아가시면 오동나무 지팡이를 사용한다고 하지요. 제가 알기로, 우리나라에는 800종 가까이 되는 나무가 삽니다. 엄청 종류가 많지요.

그렇게 많은 나무 가운데 어째서 하필이면 대나무와 오동나무만을 지팡이로 사용하는 걸까요? 자료를 찾아보니, 상징적 의미와 함께 생명 사랑의 의미가 담겨 있더군요. 지팡이에 생명을 사랑하는 의미가 담겨 있다니, 선뜻 이해되지 않지요?

오동나무는 오동나무과에 속하는 나무로 15m까지 자라는 낙엽활엽수입니다. 세계에서 가장 빠르게 자라는 나무의 하나로, 성장 속도는 빠르지만 비교적 튼튼한 특성 때문에 예부터 가구를 비롯해 여러 가지 용도의 목재로 쓰였어요.

어릴 때는 1년에 1~2.5m나 자랄 정도로 성장 속도가 아주 빨라요. 그래서인지 잎도 다른 나무에 비해 매우 크지요. 아주 크게 자란 잎은 사람 머리보다도 훨씬 커서, 비가 오는 날 우산이 없으면 커다란 오동나무 잎 하나를 뜯어서 머리에 쓰고 다니기도 했답니다. 크기로 따지면 토란잎이나 연잎과 대적할 만했지요. 오동나무 잎에는 살충효과도 있어요. 그래서 옛날에는 변소에 오동잎 몇 장을 놓아두어서, 구더기 방지와 악취 제거에 이용하기도 했지요.

오동나무는 대대로 쓰임새가 많았습니다. 옛날에는 '내 나무 심기'라는 풍습이 있어서, 아들이 태어나면 선산에 소나무를 심고 딸이 태어나면 밭에 오동나무를 심었다고 해요. 딸이 커서 결혼하게 되면, 그 오동나무로 가구를 만들어 혼수로 삼았어요. 사람이 죽고 나면 관을 짤 때도 사용하고, 가야금이나 거문고, 아쟁 등 전통 악기를 만들 때도 오동나무를 썼지요.

오동나무는 빠르게 자라나기 때문에 비교적 가벼운 편입니다. 그처럼 가벼운 데 반해 강도는 꽤 높아서, 쓰이는 곳이 많았겠지요. 바로 그런 특징 때문에 오동나무가 지팡이용으로 선택된 것 같아요. 강하면서도 아주 가벼운지라, 오랫동안 사용해도 피곤함이 덜할 수 있거든요. 게다가 땅을 기어다니는 작은 벌레에게 해를 끼칠 위험도 비교적 적답니다. 우리 조상님들은 지팡이 하나를 고를 때도, 지팡이를 사용하면서 혹시 다치게 되는 생명은 없는지 살펴봤다는 거예요. 조상님들은 참으로 대단한 것 같아요.

오동나무에 핀 꽃

　　대나무는 어떤가요? 실은 대나무는 나무가 아니랍니다. 엄밀히
말하면 목본식물이 아니라 초본식물로 구분하지요. 이름에 '나무'라
는 말이 붙고 단단한 부분(목질부)이 있긴 하지만, 굵어지지 않는 특

성(형성층으로 인한 부피 생장의 특징이 없음)으로 실제로는 나무가 아니라 풀 종류에 속해요. 대나무는 위로는 자라도 옆으로는 거의 자라지 않아요. 그리고 속이 텅 비어 있지요. 그처럼 대나무는 단단하면서도 가볍기 때문에, 지팡이로 쓰기에 딱 적당하답니다. 게다가 오동나무처럼 땅을 기어다니는 작은 동물을 해칠 가능성도 적고요.

부모님이 돌아가신 날은 정말 슬플 거예요. 나와 관계가 깊은 생명의 죽음만으로도 이미 슬픈데, 작은 잘못으로 땅 위에서 살아가는 개미나 애벌레 등을 죽인다면 그 슬픔은 배가 되겠지요. 그런 위험을 최대한 줄이고자, 상장을 만들기 위한 나무로 오동나무와 대나무를 골랐던 거예요. 이렇듯 일상의 작은 일에도 모든 생명을 사랑하고 배려하는 우리 조상님들의 정신이 녹아들어 있답니다.

"훠어이" 소리치는 마음

저는 도시도 아니고 시골도 아닌 소도시에서 태어났어요. 그래도 주변에 산도 있고 하천도 있어서 자연을 접할 기회가 많았지요. 곳곳이 신나는 놀이터였답니다. 아침에 눈 뜨면 동네 친구들과 들과 산으로 싸돌아다니다, 배고프면 집에 돌아와 허기를 달래고 또 잽싸게 뛰어나가 노는 게 일상이었지요.

집 마당에서는 닭 몇 마리를 키우기도 했어요. 시장도 가까운 곳에 있어서, 귀한 손님이 오시면 잽싸게 시장에서 닭을 사 와 손님 대접을 하기도 했지요. 지금과 다르게, 그때만 해도 살아 있는 닭을 사와서는 직접 목을 비틀어 죽인 후 털을 뽑고 깨끗이 씻어서 닭 요리를 완성했답니다. 저는 어머니 뒤를 졸졸 따라다니며, 닭백숙을 만드는 모든 과정을 지켜보곤 했어요. 굉장한 구경거리였거든요. 닭을 죽이는 장면은 조금 무섭긴 했지만요.

한편으론 닭이 불쌍하기도 했어요. 보통 모가지를 비틀면 한참 지나 닭이 축 늘어지거든요. 그런데 어떤 닭은 죽은 것처럼 보였는데, 잠시 후에 다시 벌떡 일어나 부리나케 도망가는 거예요. 심지어는 시퍼런 칼에 모가지가 잘려서 머리가 없는 채로 도망치는 닭을 본 적도 있어요. 결국 얼마 지나지 않아 죽기는 했지만요.

어떤 분이 "닭 목을 비틀어도 새벽은 온다"는 유명한 말을 했는데, 저는 그 이야기를 들을 때마다 어릴 적 목격했던 닭의 모습이 떠올라요. 모가지가 비틀린 닭이 부리나케 달아나던 모습이요. 그래서 원래 저 말은 '어차피 될 일은 되고야 만다'는 뜻일 텐데, 저에게는 '쉽게 뜻을 꺾지 않는다'는 의미로 다가온답니다.

닭이 죽으면 다음은 깃털을 뽑아야 해요. 이때는 아주 뜨거운 물이 필요해요. 뜨거운 물에 닭을 담갔다가 털을 뽑으면 닭털이 잘 뽑힌다고 하지요. 닭을 담갔던 물은 금방 더러워집니다. 그래서 구정물은 버리고, 새로운 물로 털 뽑기를 반복해요.

지금은 하수관을 따라, 집에서 쓰고 버리는 물을 별도로 모아 처리하지요. 그러나 예전에는 우물터, 빨래터, 수돗가 등이 모두 집 밖에 있었답니다. 그래서 쓰고 버린 물은 작은 수로를 따라 개울로 모이고, 다시 그 물이 하천으로 유입되는 경우가 많았어요. 버리는 물에 섞인 쓰레기가 개울로 유입되지 못하도록, 가정에서는 구멍이 숭숭 뚫린 망을 설치하곤 했어요. 그것을 '수챗구멍'이라고 불렀지요. 닭털을 뽑는 일을 하며 더러워진 물도 그 수챗구멍을 통해 버렸답니다.

그런데 어머니는 그 물을 수챗구멍에 들이붓기 전에, 매번 "휘~이"하며 소리를 지르시는 거예요. 왜 그러시는지 궁금해서 여쭤보았지요. 그랬더니 어머니가 말씀하셨어요. "수챗구멍 안쪽에 사는 작은 동물들이 혹시 뜨거운 물에 델까 봐 알려 주는 거야." 그때는 별생각 없이 고개를 주억거렸지요. 하지만 이제는 알겠어요. 얼마나 따뜻하고 사랑이 넘치는 마음이었는지.

지저분한 물을 보고 오염된 물이라고 생각할 수 있지만, 한편으로는 유기물이 풍부한 물이기도 하답니다. 작은 미생물들에게는 물에 포함된 유기물이 풍부한 영양물질이 될 수 있어요. 먹거리가 되는 것이지요. 그래서 생각보다 많은 생물들이 수챗구멍으로 들어오는 먹이를 먹기 위해 자리를 잡고 있을지도 몰라요. 어머니께서는 그런 생명들을 걱정하셨던 거예요. 뜨거운 물이 들이쳐 미생물이 죽을 수도 있다는 생각에, 미리 큰 소리로 신호를 보내셨던 거지요.

그 미생물들이 어머니의 말씀을 알아들을 수 있었겠냐고요? 중요한 건 마음이 아닐까요? 생명을 걱정하고 신경 쓰는 마음! 어쩌면 미생물들은 여러 시행착오를 거쳐서, 어머니의 목소리가 들리면 잠시 피해 있다가 뜨거운 물이 지나가면 먹이를 찾아 다시 모여들었을지도 몰라요. 생각해 보면, 저희 어머니만 그러신 건 아니었던 듯해요. 정도의 차이는 있겠으나, 그때 동네 어르신들은 모두 그런 마음이었던 것 같습니다.

내 DNA에 새겨진 생명 사랑, 바이오필리아

바이오필리아는 에드워드 윌슨 박사가 1984년 『바이오필리아』라는 책에서 소개한 개념입니다. 심리학자인 에리히 프롬(Eric Fromm)이 1960년대에 만든 용어를 윌슨 박사가 대중화한 거예요. '바이오필리아(Biophilia, 바이오(bio)는 생명을 필리아(philia)는 사랑을 뜻함)'란 말 그대로 생명에 대한 사랑을 의미합니다.

전 세계의 여러 연구 결과는 사람이 자연과 연결되었을 때, 외부 공간에 있을 때, 자연을 바라볼 때, 자연 요소로 둘러싸여 있을 때 좋은 영향을 받는다고 해요. 우선 스트레스를 유발하는 호르몬 수치가 낮아져요. 면역력 향상에 중요한 역할을 하는 백혈구 수도 증가하지요. 아이와 어른 모두 주의력이 높아지기도 하고요. 문제 해결 능력 및 인지 능력을 포함한 집중력과 창조력이 상승하기도 하지요. 자연은 또한 우리의 마음을 차분하게 하고 자존감을 높여 주며 단기 기억 능력도 상승시켜요. 햇빛에 오랫동안 노출된 아이들은 근시가 될 가능성이 작아진다고 해요. 자연은 마치 모든 병을 고치는 치료제인 것 같아요.

저도 자연 덕에 눈이 좋아진 경험을 한 적이 있어요. 대학원생일 때, 연구를 위해 일주일에 이삼일은 숲을 다녔습니다. 그렇게 1년 정도 지났을까요? 한번은 숲속을 조사하다가 실수로 안경을 떨어뜨렸는데, 공교롭게도 바위에 떨어져 박살이 났지 뭐예요. 안경이 없으면 조사를 진행할 수 없을 만큼 시력이 좋지 않았답니다. 별수 없이 산에서 내려와 가장 가까운 읍내로 가서 안경원에 들렀지요.

그런데 놀라운 일이 벌어졌어요. 안경을 맞추기 위해 안경알과 시력을 번갈아 검진하던 안경사가 제게 눈이 좋아졌다고 말하는 거예요. 그런 경험이 없는지라 되물었어요. 정말 눈이 좋아졌다는 안경사의 거듭된 말에 얼마나 기쁘던지요.

그런데 어떻게 눈이 좋아질 수 있었을까요? 곰곰이 돌이켜 보니, 바로 숲 때문이라는 생각이 들더라고요. 1년 넘게 녹색으로 우거진 숲속을 거닐며, 가깝고 먼 곳의 나무와 동물 들을 자세히 바라보다 보니 눈이 좋아진 게 아닐까요? 그 또한 자연이 인간에게 주는 선물이 아닐까 하고 생각했답니다.

바이오필리아는 사람이 본래 가지고 태어나는 성질이라고 합니다. 그런 성질이 어떻게 사람의 마음에 자리 잡았는지 궁금하지 않나요? 인류의 역사를 보면, 지금처럼 인간이 자연에서 완벽히 분리된 삶을 살게 된 것은 고작 몇백 년밖에 되지 않아요. 인류 역사의 대부분은 자연 속에서의 삶이었지요.

농업 문명이 시작되기 전의 사회를 수렵채집 사회라고 표현하기도 합니다. 그때는 모든 의식주를 자연에서 해결했어요. 자연이 주는 혜택이 없었다면, 인간의 삶은 지속 불가능했을 거예요. 따라서 인류는 지속 가능한 방식으로 자연을 대하는 방법을 터득했겠지요. 자연에 존재하는 모든 생명을 사랑하는 방식으로 말이에요. 결국 우리 모두는 생명 사랑의 본성을 갖고 있어요. 다만 그 사실을 망각하고 있을 따름이지요.

불쌍하게 여기는 마음, 측은지심

중국 전국시대의 사상가인 맹자는 인간이 네 가지 본성을 갖고 태어난다고 했습니다. 그 네 가지란 측은지심(惻隱之心: 여린 것을 측은해하는 마음), 수오지심(羞惡之心: 자신의 잘못을 부끄러워하고 남의 잘못을 미워하는 마음), 사양지심(辭讓之心: 자신을 낮추고 남을 배려하는 마음), 시비지심(是非之心: 옳고 그름을 가리려는 마음)입니다. 이런 본성이 없으면 사람이 아니라고 했지요.

그 가운데서도 맹자는 측은지심에 대해 이렇게 말합니다. "어린아이가 갑자기 우물로 들어가려는 것을 본다면, 모두 두려워 놀라고 안타까워하는 마음이 생긴다. 그 마음은 어린아이의 부모를 내밀하게 사귀려는 까닭이 아니며, 고을의 이해집단과 친구들에게 칭찬이 필요한 까닭도 아니고, 그 소리가 나는 것을 싫어해서도 아니다." 바로 측은지심 때문이라는 것이지요. 그러면서 맹자는 측은지심이란 사람이라면 본래 타고나는 것이라고 했어요.

어쩌면 측은지심은 바이오필리아의 다른 말이 아닐까요? 우리는 사람이건 동물이건 살아 있는 생명이 위험에 처하거나 고통을 받으면 안타까워합니다. 뭐라도 하고 싶어 하지요. 그 대상이 나와 특별한 인연이 없더라도, 자연스럽게 그런 마음이 생깁니다. 그런데 갈수록 자연과 멀어지는 삶을 살면서, 그런 측은지심이 점차 사라지는 것은 아닌지 걱정이 되곤 해요.

어릴 적 친구들 가운데 곤충이나 벌레를 보면 장난치고 괴롭히던 아이들이 있었습니다. 심지어 발로 밟아 죽이는 친구도 있었어요. 측은지심이 인간의 본성이라고 한다면, 그런 행위는 어떻게 보아야 하는지 참 난감하지요. 저도 한참 고심하다가, 비슷한 고민을 했던 지인의 이야기를 듣고 그 문제를 해결했어요.

그분은 아이들의 폭력적인 모습이 모든 나라에서 동일하게 나타나는 현상은 아니라고 말해요. 독일의 아이들과 한국의 아이들이 곤충과 벌레에 보이는 반응과 태도는 전혀 다르다는 거예요. 아이들의 본성은 타고나는 것이 아니라, 그 나라의 문화와 환경에서 학습하는 것이라는 주장이었어요. 타고난 본성은 고정불변하는 것이 아니라, 좋은 방향이나 나쁜 방향으로 변화될 수 있다는 말이지요.

인간이 지닌 측은지심의 본성이 사라지지 않도록, 좋은 방향으로 강화될 수 있도록 우리 모두 노력하면 좋겠어요.

그리마를 돈벌레로 불렀던 마음

그리마는 절지동물 다지아문 지네강 그리마목 그리맛과에 속하는 동물입니다. 발이 대략 쉰 개로 보일 만큼 많기 때문에, 설레발이나 쉰발이라고 불리기도 하지요. 바퀴벌레처럼 산이나 들 같은 야생에서도 살지만, 인가 근처에서도 많이 살아요. 사람들이 그리마를 보게 되는 곳은 십중팔구 집 안이나 집 근처의 하수도일 겁니다. 그리마는 모기, 파리, 바퀴벌레, 흰개미, 빈대, 진드기, 나방 등의 작은 벌레들을 잡아먹어요. 따라서 우리 인간에게는 이로운 곤충이지요.

제가 어릴 적에 동네 어르신들은 그리마를 '돈벌레'라고 불렀답니다. 그리마를 죽이면 돈복이 나간다는 믿음까지 있었지요. 왜 그리마를 돈벌레라고 불렀을까요? 그리마는 따뜻하고 습한 곳을 좋아해요. 부잣집일수록 이것저것 물건과 먹을 것을 보관하는 넓고 습한 창고가 많고 난방도 잘되기 때문에, 그리마가 더 많이 살았을 것 같아요. 부잣집에 많이 보이는 벌레라서 돈벌레라고 부르지 않았을까요?

한편으로는 이런 견해도 있습니다. 우리 조상님들이 생명 사랑을 후대에 전하고자 고안한 지혜로운 교육 방법이라는 것이지요. 우리가 사는 집에는 생각보다 많은 생명이 인간과 함께 살고 있어요. 요새는 집 안에 있는 벌레를 모두 쫓아내는 일 자체가 하나의 큰 사업이 되어 버렸지요. 그런데도 다양한 생물이 집 안에 살고 있는데, 예전에는 어땠겠어요? 훨씬 다양한 생물들이 한 공간에서 살았을 테지요. 그런 생물에는 이로운 것들도 더러 있었으나, 해로운 생물이더 많았을 거예요.

그리마는 생김새는 혐오스러울지 모르지만, 해로운 생물을 잡아먹는 동물이에요. 인간은 혐오스러운 생물을 보면 보통 겁을 먹고, 그 생물을 멀찍이 피하거나 죽이도록 진화를 했지요. 그런데 생김새가 혐오스럽다는 이유만으로, 보이는 족족 그리마를 죽여 버리면 어떻게 될까요? 집 안의 다른 생물을 잡아먹는 그리마가 모조리 없어지는 셈이니, 더욱더 해로운 생물들이 득실거리게 되겠지요.

그래서 우리 조상님들은 어떻게 하면 그리마와 공생하고 공존할수 있을까 하는 고민 끝에 돈벌레라는 이름을 창안하지 않았을까요? 가난한 살림살이에 하루 세 끼 배불리 먹는 게 소원이던 시절에, 그리마를 잡아 죽이면 집 안에 돈이 들어오지 않는다는 이야기는 아이들에게 매우 그럴듯하게 전달되었을 거예요.

그처럼 오랫동안 그리마와 함께하다 보니, 그리마의 출현에도 익숙해졌겠지요. 나중에 그리마와 돈의 상관관계가 전혀 없다는 사실을 알게 되더라도, 이미 익숙해진 관계는 삶의 문화로 남았을 테고요. 참으로 지혜로운 교육 방법이 아닌가요?

"그리마를 쫓아내면 집에 돈복이 사라진다"와 같은 말을 우리는 속설이라고 합니다. 속설(俗說)이란 과학적 검증을 거치지 않은 채 세간에 전해 내려오는 학설이나 견해를 뜻하지요. 그런 속설에는 우리 조상님들의 생명 사랑이 담겨 있는 말이 의외로 많답니다.

나무 세 그루를 심었던 마음

　시골에서 살다가 서울로 올라오면서, 너무나 달라진 환경에 한참 동안 적응하지 못했었답니다. 자연환경은 말할 것도 없고, 사람끼리의 관계나 마을공동체의 환경도 많이 달랐지요. 서울이란 대도시에 마을공동체라는 것이 존재하는지, 존재할 수는 있는지, 나아가 마을공동체 만들기 운동이 과연 가능한지 고민이 많았습니다. 하지만 적어도 1990년대까지는 서울에도 활력 넘치는 마을공동체가 있었던 듯해요.

　그 한 사례일 수도 있겠는데요, 2000년에도 산신제를 지내는 마을이 서울에 있었답니다. 놀라운 일이지요. 북한산과 인접한 마을이었는데, 해마다 연초에 북한산 산신령제를 지냈어요. 북한산을 관장하는 산신령께 마을의 복과 안녕을 기원하는 행사였어요. 생각해 보면, 산신제를 지내는 마을이 그곳만은 아니었을 것 같아요. 산과 인접한 마을에서 공통으로 보이는 문화였을 듯합니다.

국토의 65%가 산림인 우리나라 환경에서는, 산이 제공하는 생태계 서비스가 마을의 안녕과 유지에 큰 영향을 미쳤을 거예요. 심지어는 물건에도 모두 영(靈)이 깃들어 있다고 생각했던 옛사람들에게, 산을 관장하는 산신령이 살고 있다는 믿음은 너무도 자연스러웠을 테지요. 그래서 산을 이용하고자 할 때는 반드시 산신령에게 미리 고해 허락을 받거나, 산신령의 노여움을 사지 않는 선에서 행동에 옮겼을 거예요.

　산의 나무를 베어낼 때도 마찬가지였습니다. 몸을 깨끗이 하고 부정을 피하며 마음을 가다듬는 목욕재계(沐浴齋戒)를 하고, 나무가 필요한 이유를 상세히 설명한 후에야 나무를 잘라냈습니다. 거기서 그치지 않고, 베어낸 나무 주변으로 작은 나무 세 그루를 심어서 숲이 지속될 수 있도록 조치하였지요. 우리나라뿐만 아니라 많은 나라들에서 보이는 보편적인 삶의 지혜입니다. 그런 삶의 방식이야말로 지속 가능한 삶을 유지하게 하는 문화이지 않을까요. 우리가 배워야 할 '오래된 미래' 가운데 하나입니다.

6장

자연, 어떻게 보고
어떻게 대할까?

개구리를 왜 보호해야 하냐고요?

　매년 4월 28일(우리나라는 매년 4월 말 토요일)이 '세계 개구리 보호의 날(Save the Frog's day)'이라는 사실을 알고 있나요? 미국의 양서류 전문가인 케리 크리거(Kerry Kriger) 박사가 2009년에 시작한 국제적인 양서류 인식 증진 및 보호 캠페인입니다.

　우리나라 양서류 보호단체가 주관이 되어 국제 포럼을 진행한 적이 있어요. 그때 케리 크리거 박사를 초청해서 특별 강연을 요청했답니다. 그리하여 많은 사람들이 참여한 가운데, 양서류 보호의 중요성과 양서류 보호 활동의 필요성 등을 주제로 강연이 진행되었지요. 강연이 끝나고 질의응답 시간이 되었을 때, 제가 이렇게 질문했어요.

　"현장에서 활동하다 보면 왜 양서류를 보호해야 하느냐는 질문을 많이 받습니다. 그럴 때 저는 이렇게 설명하곤 해요. "첫째, 양서류는 생태계의 중간 허리 역할을 맡고 있다. 허리가 무너지면 생태계 전체가 무너진다. 사람도 허리 건강이 매우 중요하다. 허리가 아프면 일상생활이 얼마나 힘든지 알 것이다. 둘째, 양서류는 모기와 파리 등 다양한 곤충을 잡아먹는다. 특히 모기와 파리는 대표적인 해충이다. 양서류가 사라진다면 해충 구제를 위해, 우리는 특별한 조치를 해야만 한다. 경제적으로도 부담이 커질 것이다. 셋째, 양서류는 새와 뱀 그리고 기타 포유류의 먹이가 되어 준다. 양서류가 사라진다면 새와 뱀, 포유류가 굶어 죽을 것이다. 그러면 생태계가 무너지고, 결국에는 인간의 삶에 큰 영향을 미칠 것이다. 넷째, 양서류는 사람들이 사용하는 물질의 독성을 테스트하는 실험동물 중 하나이다. 특히 립스틱 등 화장품의 독성을 연구하는 데 중요한 역할을 하고 있다. 그래서 립스틱을 자주 사용하는 성인 여성은 양서류에게 특별히 고맙다고 해야 한다" 선생님은 오랜 현장 경험이 있으니까 특별히 다른 뭔가를 설명해 주실 것 같기도 한데요. 그런 것이 있다면 말씀해 주시겠습니까?"

딱히 특별한 뭔가가 있으리라 생각한 건 아니었어요. 포럼 참석자들의 활발한 질문을 유도하는 마중물 차원에서, 제가 먼저 나선 측면이 있었지요. 그런데 크리거 박사의 답변을 듣고 저는 큰 충격을 받았답니다. 그는 이렇게 대답했어요.

"저는 무엇무엇 때문에 하는 식으로 구구절절 설명하지 않습니다. 그냥 이렇게 말해요. "개구리는 멋져요(Frogs are cool)! 개구리를 자세히 보세요. 얼마나 귀엽고 독특하고 예쁜 생명인지 알게 될 거예요. 그런 개구리가 더 이상 지구에서 살 수 없다고 생각해 보세요. 더 이상 개구리를 볼 수 없다고 생각해 보세요. 그보다 슬픈 일이 있을까요? 그러니 개구리를 보호하면 좋겠어요. 함께 지구에서 살았으면 좋겠습니다" 이렇게 말하면 모든 사람이 고개를 끄덕이며 공감해 줍니다."

크리거 박사의 답변을 듣고 느낀 점이 많았습니다. 저는 주로 인간의 관점에서, 인간의 필요와 이익을 중심으로 개구리를 보호해야 하는 필요성을 이야기한 거예요. 반면에 박사는 생명 그 자체의 존귀함을 말했습니다.

이제 우리는 자연을, 자연을 구성하는 모든 존재를 크리거 박사처럼 보아야 하지 않을까요? 그래야 자연과의 공생 및 공존이 가능하지 않을까요?

계절의 변화를 온몸으로 느끼며 살아가요

나이에 어울리지 않게 생각하고 행동할 때 "너는 언제 철들래?" 라는 말을 듣곤 했습니다. 그럴 때마다, '철든다'는 말이 어떤 의미인지 궁금했어요. 유래를 찾아보다가, 그 말이 계절의 변화와 연결되어 있다는 해석을 보았습니다.

생명에게는 계절의 변화를 정확히 인지하고, 변화에 맞추어 준비하는 일이 매우 중요합니다. 계절의 변화가 뚜렷하고 계절마다 특성이 명확할 때는 더욱 그렇지요. 변화를 준비하고 적응하지 못하면, 바로 죽음을 의미하기 때문이에요. 그래서 철을 안다는 것은 매우 중요한 성장이며, 철모르고 행동하는 것은 죽음을 재촉하는 자해행위와도 같습니다.

옛사람들은 계절의 변화에 순응하며 살아왔어요. 그런 삶의 문화가 누적된 형태가 아마 '절기 문화'이지 않을까 싶습니다. 절기는 1년간 태양의 움직임에 맞추어, 15일 간격으로 이십사 등분하여서 계절을 구분하는 방법입니다. 자연의 변화를 오랫동안 지켜보고 순응하면서 이해한 기후의 움직임, 그에 반응하는 뭇 생명의 생태, 먹을거리 생산을 포함하여 삶의 영속을 위한 방법 등이 절기에 담긴 지혜가 아닐까요. 우리도 1년 동안 절기를 따라 생활하기를 실천해 보면 좋을 것 같습니다. 자, 그럼 지금부터 이십사절기를 살펴볼까요?

먼저, 2월입니다. 2월 4일경은 봄기운이 일어선다는 입춘(立春)이지요. 입춘 전날은 계절의 마지막 날이라 하여, 콩을 방이나 문에 뿌려서 마귀를 쫓고 새해를 맞는다고 합니다. 우리 조상님들은 입춘을 한 해의 시작으로 보았기 때문이에요.

입춘에는 보리를 뽑아서, 뿌리가 많고 적음에 따라 풍년인지 흉년인지를 알아보았답니다. 또 오곡(쌀, 보리, 조, 콩, 기장)의 씨앗을 솥 안에 넣고 볶는데, 맨 먼저 솥 밖으로 튀어나오는 곡식이 그해 풍작이 된다고 믿었지요. 한 해의 축복을 기원하기 위해, 대문이나 대들보, 천장에다 '입춘대길(立春大吉)'이라고 적은 종이를 붙여 놓았습니다. 요즘은 그러한 입춘첩을 붙인 집을 보기가 쉽지 않지요. 삶의 문화가 많이 변했음을 알려 주는 대목입니다.

2월 19일경은 강물이 풀린다는 우수(雨水)입니다. 봄을 알리는 단비가 내리며, 봄기운이 세상 가득 퍼집니다. 따뜻한 봄비에 겨우내 쌓여 있던 눈과 얼음이 녹으면서 땅에 물이 많아질 때입니다. 땅이 흐물흐물해지지요. 식물의 뿌리들이 그 변화를 놓칠 리 없습니다. 봄

기운이 제법 완연해져 풀과 나무 들이 싹트는 때가 이때쯤입니다. 꽃샘추위라 하여 매서운 추위가 잠시 기승을 부리기도 합니다. 그렇지만 겨울 봄 여름 가을로 변하는, 순환이라는 자연의 순리를 거역할 순 없지요.

2월 말이 되면 물오른 버드나무에 버들강아지가 피기 시작하고, 매서운 추위를 피해 우리나라를 찾아왔던 겨울 철새들도 하나둘씩 고향으로 떠날 채비를 합니다. 벌써 떠난 새들도 있네요. 지구온난화로 인한 환경의 변화 탓인지, 고통스러운 장거리 여행을 포기하고 우리나라에 터를 잡고 살아가는 겨울 철새와 여름 철새가 늘고 있다는 소식도 들려옵니다.

3월입니다. 3월 6일경은 땅속에 들어가 동면하던 동물들이 깨어나서 꿈틀거리기 시작한다는 경칩(驚蟄)입니다. 겨우내 숨죽이고 있던 생물들이 새 생명이 탄생하듯 오랜 잠에서 깨어나 기지개를 켜네요. 보리, 밀, 시금치, 우엉 등 월동에 들어갔던 농작물도 겨울잠에서 깨어나 생육하기에, 바야흐로 농촌의 봄이 시작됩니다.

길었던 밤도 점점 짧아지더니 3월 21일경 춘분(春分)을 전후해서는 낮 길이와 같아지고, 이제 햇빛을 볼 수 있는 시간이 점점 길어지기 시작합니다. 1년 중 춘분에서 20여 일은 기온이 가장 큰 폭으로 오르고, 춥지도 덥지도 않은 시기이지요. 그래서 1년 중 농부님들이 일하기에 가장 좋은 때라고 합니다. 씨 뿌리기, 퇴비 만들기, 밭에 거름주기, 장 담그기 등 자연의 변화와 더불어 농사일과 집안일이 바삐 돌아가기 시작합니다. 도시에 사는 우리도 이때는 봄 청소, 겨울 옷 정리, 새로운 학기의 시작 등으로 분주해지지요.

겨우내 움츠렸던 나무와 풀들이 꿈틀거립니다. 성미 급한 버드나무는 이미 꽃망울을 터트렸고, 작고 앙증맞은 풀과 나무의 새싹과 꽃망울이 땅과 가지를 뚫고 얼굴을 내밉니다. 쳐다보고 있자니, 내 마음도 생명으로 꿈틀거리네요.

춘분 기간에는 제비가 날아오고, 우레가 들리며, 그해 처음으로 번개가 친다는 옛 문헌 기록이 있습니다. 경칩을 전후로 해서는 성미 급한 개구리들이 겨울잠에서 깨어나 짝짓기를 마친 후, 작은 웅덩이에 새까맣게 알 무더기를 낳아 놓았습니다. 큰산개구리와 한국 산개구리인 듯합니다.

3월 중순 이후로는 겨울잠에서 깨어난 다람쥐가 햇볕을 쬐는 모습이 관찰되기도 하지요. 배추흰나비가 날아다니는 모습도 보이고, 성체로 겨울을 났던 네발나비도 나풀나풀 날아다닙니다. 풀숲 바닥에는 이름 모를 회유성 거미들이 기어다니고 있네요. 이미 텃새가 되어 버린 흰뺨검둥오리는 강에서 노닐고, 풀숲에서는 붉은머리오목눈이가 시끄럽게 지저귀며 이리저리 분주하게 날아다닙니다.

3월 중순을 전후로 제주도에 피었던 개나리는 3월 말을 전후로 서울에서도 피기 시작합니다. 어떤 사람은 꽃이 피는 시기의 편차로 봄이 오는 속도를 계산하기도 했는데, 한 시간에 40km를 가는 속도라고 하는군요. 지난가을 떠났던 꼬마물떼새도 어느새 돌아와, 모래톱에서 삑삑거리며 바삐 돌아다니고 있습니다.

4월입니다. 4월 6일경은 청명(淸明)입니다. 옛 문헌에 따르면, 청명 기간에는 오동나무가 꽃을 피우기 시작하고 종달새가 나타나며 무지개가 처음 보인다고 합니다. 이때는 나무 심기에 알맞은 시기입니다. 그래서 4월 5일을 식목일로 정하여 나무를 심고 있지요.

앞에서도 말했듯이, 우리 전통에는 내 나무 심기라는 아름다운 풍습이 있습니다. 아이를 낳으면, 훗날 그 아이가 자라서 시집이나 장가를 갈 때 가구를 만들어 줄 재목감으로 나무를 심었다는 것이지요. 물론 이제는 더 이상 결혼을 하며 가구를 만들 필요는 없어졌습니다. 하지만 온난화로 고통받고 있는 지구를 위해, 식목일에 의미를 담은 내 나무 심기를 함께 해 보면 어떨까요?

청명쯤 되면 들판에서는 띠의 어린 순이 올라오는데, 옛날 사람들은 이를 '삐비' 또는 '삘기'라고 부르며 군것질거리 삼아 씹기도 했답니다.

4월 20일경은 곡우(穀雨)입니다. 곡우는 봄비가 내려 100가지 곡식을 기름지게 한다는 의미로, 못자리를 만들며 본격적인 농사를 준비하는 시기입니다. 곡우 때쯤이면 봄비가 자주 내려 곡식이 윤택해집니다. 그래서 "곡우에 가물면 땅이 석 자가 마른다"는 속담이 있답니다. 그렇게 되면 그해 농사를 망치고 말겠지요? 곡우 무렵이 되면 나무에 물이 많이 오릅니다. 이때 박달나무나 고로쇠나무 등에 상처를 내서 수액을 받아 먹곤 했는데, 이를 곡우물이라고 하지요.

4월이 되면 많은 나무와 풀 들이 서로 앞다투어 꽃을 피우기 시작합니다. 목련, 산철쭉, 진달래, 산수유, 생강나무, 벚나무…. 와, 이제 완연한 봄이로군요. 사람들의 옷차림이 꽃만큼이나 화려해지고 마음마저도 화사해집니다. 우리 인간을 포함한 모든 생물들에게, 4월은 변화에 적응하고 성장하기 위한 준비의 계절입니다.

5월입니다. 5월 5일경은 입하(立夏)입니다. 입하를 지나면 이제 본격적인 여름이 오지요. 옛사람들은 입하 15일간을 5일씩 세분하여 초후(初候)에는 청개구리가 울고, 중후(中候)에는 지렁이가 땅에서 나오며, 말후(末候)에는 쥐참외가 나온다고 했습니다. 이맘때면 농사일이 좀 더 많아진답니다.

5월 21일경은 소만(小滿)입니다. 소만 때가 되면 여름 기분이 나기 시작하며, 식물이 왕성하게 성장하지요. 농촌은 모내기 준비로 바빠지고, 들판에는 보리가 익어 가며, 산에서는 부엉이가 울어 옙니다. 옛날 이맘때는 '보릿고개'라는 말이 있을 정도로, 집 안의 양식이 모두 떨어져 많은 사람들이 힘겹게 연명하던 시기였습니다.

음력 5월 5일은 단오(端午)입니다. 단오는 절기의 하나는 아니지만, 조선 시대에 설날, 한식, 추석과 함께 4대 명절에 속하는 날이었습니다. 사람들은 단오를 1년 중에서 가장 양기가 왕성한 날이라고 여겨 큰 명절로 생각했지요. 그래서 이날은 여러 가지 풍속과 행사가 있었습니다. 부녀자들은 창포를 삶은 물에 머리를 감아 윤기를 더했어요. 단옷날 새벽 상추밭에 가서 상춧잎에 맺힌 이슬을 받아 분을 개어 얼굴에 바르면, 버짐이 피지 않고 피부가 고와진다고도 했지요. 단옷날 대표적인 놀이로는 그네뛰기와 씨름을 들 수 있습니다.

단오쯤에 본격적인 여름이 시작된다고는 하지만, 찌는 듯한 무더위는 아직 멀었습니다. 그러나 지구온난화의 영향으로 봄이 짧아지고, 해마다 여름이 빨리 시작되고 있지요. 무더위도 그만큼 빨리 오고 있어서 걱정이에요. 갑작스러운 환경의 변화는 많은 생명들의 지속 가능한 삶을 위태롭게 할 수 있습니다.

6월입니다. 6월 6일경은 망종(芒種)입니다. 망종은 벼, 보리 등 수염(까끄라기)이 있는 곡식 종자를 뿌리기에 적당한 시기라는 뜻입니다. 이 시기는 모내기와 보리 베기에 알맞을 때이기도 하지요. "보리는 망종 전에 베라"는 속담도 있답니다. 보리농사를 지었던 남쪽에서는 보리 베기와 모내기를 함께 해야 하기에, 매우 바쁜 시기입니다. 남쪽 지방에서는 '보리 그스름'이라고 해서, 아직 남아 있는 풋보리를 베어다 그을음(그스름)을 해 먹으면 이듬해 보리농사가 잘 된다는 믿음이 있었습니다.

양력 6월 21일경은 하지(夏至)예요. 1년에서 낮의 길이가 가장 긴

날이라고 합니다. 옛날 농촌에서는 하지가 지날 때까지 비가 오지 않으면 기우제를 지냈다고 하지요. 6월은 장마가 시작되는 달이기도 합니다. 장마가 시작되면, 곳곳에서 짝을 찾기 위해 고군분투하는 수컷 맹꽁이의 울음소리가 들려올 테지요.

7월입니다. 7월 7일경은 소서(小暑)입니다. 소서는 모내기를 끝낸 모가 뿌리를 내리기 시작하는 시기예요. 농부들은 이때 김을 매거나, 논둑과 밭두렁의 풀을 베어 퇴비를 장만하기도 합니다. 더위가 본격적으로 시작되는 때여서 호박이나 각종 채소가 제철을 만나 입맛을 돋우고, 국수나 수제비 등 밀가루 음식이 구미를 당기는 시기입니다. 이맘때면 바다에서는 민어가 한창이라고 하는데, 장마철에 접어들어 비가 자주 내리는 때이기도 하지요. 본격적인 더위가 오는 시기입니다.

7월 23일경은 대서(大暑)입니다. 대서는 대개 장마가 끝나고 더위가 가장 심해지는 때입니다. 7월이 되면 몇 차례 큰 물난리가 나기도 하지요. 기후위기가 심해지면서, 예기치 않은 물난리가 늘어나고 있어 철저한 대비가 필요합니다. 비가 오고 나면 곳곳에 물웅덩이가 생기고, 제철을 만난 맹꽁이는 짝을 찾아 알을 낳기 위해 밤새도록 "맹-맹", "꽁-꽁" 하고 울어댑니다. 비가 그치고 나면 식물들이 훌쩍 자라 있는 모습에 놀라곤 하지요. 역시 물은 생명의 필수 요소인가 봅니다.

우리가 흔히 알고 있는 삼복, 즉 초복, 중복, 말복은 이십사절기에 포함되지 않습니다. 7월 14일이 초복(初伏), 7월 24일이 중복(中伏)인데요, 음력 6월에서 7월 사이의 가장 더운 기간을 삼복이라 하며 그 더위를 '삼복더위'라 했습니다. 조상님들은 더위를 피하기 위해 여름 과일을 즐기고, 산간 계곡으로 나들이를 가서 '탁족(濯足: 흐르는 강물이나 계곡물에 발을 담그고 더위를 피하는 것)'을 하며 하루를 만끽하였지요. 바닷가가 가까우면 모래찜질을 하면서 더위를 나기도 했고요. 삼복에는 날이 너무 더워서, 복날마다 벼가 나이를 한 살씩 먹는다고 해요. 벼는 줄기마다 마디가 셋 있는데, 복날마다 하나씩 생겨 마디가 셋이 되어야 이삭이 패게 된다고 하네요.

7월은 무럭무럭 커 가는 어린 생명들이 어른이 되기 위해 온 힘을 다하는 시기입니다. 꾀꼬리, 붉은머리오목눈이, 솔부엉이, 꼬마물떼새 등 알을 낳아 새끼를 키우는 새들이 막바지 힘을 내고 있네요. 새마다 조금씩의 차이는 있으나, 4월에서 7월에 이르는 기간은 어린 생명을 키우는 어미 새들로 인해 하루도 조용할 날이 없는, 그야말로 생명력이 왕성한 시기입니다. 고생하고 노력하지 않으면, 땀을 흠뻑 흘리지 않으면 생명의 이어짐이란 불가능한가 봐요.

8월입니다. 8월 8일경은 입추(立秋)입니다. 여름이 지나고 가을에 접어들었다는 뜻이지요. 어쩌다 늦더위가 있기도 하지만, 밤에는 서늘한 바람이 불기 시작합니다. 옛사람들은 이때부터 가을 채비에 들어갔습니다. 김장용 무나 배추를 심어 겨울 김장을 대비했는데, 농촌에서는 김매기도 끝나가서 조금 한가해지기 시작하는 때이기도 합니다.

8월 23일경은 처서(處暑)입니다. 처서라는 말에는 여름이 지나 더위도 한풀 꺾이고 선선한 가을을 맞이하게 된다는 뜻이 담겨 있지요. 이제 아침저녁으로 제법 서늘한 기운을 느끼게 됩니다. 농부님들은 익어 가는 곡식을 바라보며, 농기구를 씻고 닦아서 보관할 채비를 합니다. 처서가 지나면 따가운 햇볕이 누그러져서 풀이 더 자라지 않기 때문에, 이때 옛 조상들은 논, 밭두렁이나 산소의 벌초를 했어요. "처서가 지나면 모기도 입이 비뚤어진다"는 말처럼 파리나 모기의 성화도 한풀 꺾인답니다.

그러나 지구온난화의 심화로 여름철이 길어지고 있어서, 한낮은 여전히 불볕더위입니다. 온도가 1℃ 올라가면, 쌀 수확량이 3~10% 줄어든다는 연구 결과가 있어요. 농부님들의 마음은 예나 지금이나 천길만길 낭떠러지 앞에 서 있는 것만 같습니다. 풍년이 든다고 무슨 소용이 있을까도 싶지만, 농사에 결정적으로 작용한다는 처서의 맑은 날을 기원할 따름입니다.

9월입니다. 9월 8일경은 백로(白露)예요. 들녘의 농작물에 흰 이슬이 맺히고 가을 기운이 완연히 나타나는 때입니다. 고추는 더욱 붉은색을 띠기 시작하지요. 맑은 날이 이어지고 기온도 적당해서, 오곡

백과(伍穀百果)가 여물기에 더없이 좋은 나날입니다. 이때의 햇살과 더위는 농작물에 보약과 다름없는 것인지도 모르겠네요.

9월 23일은 추분(秋分)입니다. 밤과 낮의 길이가 같아진다는 추분의 들녘에 서면, 곡식이 여물어 가는 소리가 들리는 듯합니다. 이맘때는 여름내 짙푸르기만 하던 들이 하루가 다르게 노릇노릇 익어 물들어 갑니다. 옛날에는 이때쯤 건초를 장만하고 반찬용 콩잎을 따는 등의 일을 하기도 했어요. 모쪼록 매해 풍년이었으면 합니다. 들판만 풍년이 들 것이 아니라, 덩달아 우리네 마음도 풍년이었으면 좋겠습니다.

9월은 식물들이 무르익어 가는 시기입니다. 여름 동안 열심히 노력했던 땀의 대가로 좋은 결실을 보기 위해, 막바지 힘을 다하는 식물들로 자연은 아름답기만 합니다. 식물뿐만 아니라 다양한 곤충이나 새 들도 다가오는 결실의 계절을 위해 바삐 움직이고 있네요.

10월입니다. 10월 8일경은 한로(寒露)입니다. 찬 이슬이 맺히는 한로에 접어들면, 농부들은 잠시 주춤할 겨를도 없이 새벽밥을 해 먹고 들에 나가 밤늦도록 일을 합니다. 늦가을 서리를 맞기 전에 빨리 추수를 끝내려고, 농촌은 아주 바쁘게 돌아가지요. 한로에는 찬 이슬을 머금은 국화꽃 향기가 그윽하고, 기온은 하루가 다르게 떨어집니다. 산에서는 단풍이 춤추듯 그 붉은 자태를 뽐내기 시작하네요.

10월 23일은 상강(霜降)입니다. 된서리가 내려 천지가 눈이 온 듯

뽀얗게 뒤덮이는 때이지요. 상강은 보리를 파종하기에 적기라고 합니다. 가을 추수가 끝나기도 무섭게, 남부 지방에서는 보리 파종에 들어갑니다. 보리 파종이 늦어지면 동해(凍害)를 입을 우려도 있고, 수확량도 급감합니다. 또 파종이 늦어지면 이듬해 익는 시기가 늦어져 보리 베기가 지연되고, 보리 베기가 지연되면 모내기가 늦어지는 악순환이 계속되지요. 그래서 농가에서는 이 시기를 놓칠까 봐 발을 동동 구릅니다.

나무들은 잎새를 떨구며 겨울 맞을 준비에 들어갑니다. 가을 동안 잘 익은 호박, 밤, 감 따랴, 조, 수수 수확하랴, 서리가 내리기 전에 고추, 깻잎 따랴, 고구마 캐랴, 콩 타작하랴, 농부는 이른 아침부터 밤늦게까지 들판에서 살아야 합니다. 논갈이 및 가을보리 파종, 마늘 심기와 양파 모종 이식도 이맘때가 절정이지요. 농촌은 어느 때보다 바쁩니다. 10월이 되면 많은 생명들이 여름 내내 열심히 일했던 결실을 거두고, 새로운 내년을 준비합니다. 구절초, 쑥부쟁이 등 국화과 식물들은 예쁜 꽃으로 마지막 가을을 불태우지요.

11월입니다. 11월 7일경은 입동(立冬)이에요. 아니, 겨울이 벌써 시작되었다고요? 아직 이렇게나 날씨가 포근한데? 지구온난화, 지구온난화, 또 그놈의 지구온난화 때문이지요. 입동에는 물이 얼고, 땅도 얼기 시작합니다. 한겨울에 먹을 김치를 장만하는 김장은 입동 전이나 직후에 해야 제맛이 난다고 해서, 살림을 책임지는 할머니와 엄마가 가장 바쁜 시기이기도 하지요. 이때가 되면 시장에는 무와 배추가 가득 쌓입니다. 옛날 시골 냇가에서는 이맘때쯤 무, 배추를 씻는 풍경이 장관을 이루기도 했답니다.

전국적으로 10월 10일에서 30일 사이에는 그해의 햇곡식으로 시루떡을 만들어 조상에게 제사를 지낸 다음, 이웃집과 나누어 먹고 농사에 애쓴 소에게도 주는 풍습이 있었다고 합니다.

11월 22일은 소설(小雪)입니다. 눈이 내리기는 하는데, 그 양이 적다고 하여 소설이라고 했다지요. 이때부터는 살얼음이 잡히고 땅이 본격적으로 얼기 시작하여, 겨울 기분이 제법 납니다. 한편으로는 아직 따뜻한 햇볕이 간간이 내리쬔다고 하여 '작은 봄'이라고도 불렀답니다. 소설 무렵, 대개 음력 10월 20일경에는 통상적으로 심한 바람이 불고 날씨가 매우 차가워서, 외출을 삼가고 배를 띄우지 않았다고 해요.

이때쯤 생물들은 겨울 준비로 바빠집니다. 사람이 겨우내 먹을 김장을 하는 것처럼, 새나 뱀, 동물, 식물도 나름대로 겨울나기를 준비합니다. 뱀은 먹이를 잔뜩 먹고 겨울잠에 들어갈 채비를 하고, 다람쥐 같은 일부 동물들도 나무 열매를 저장하거나 열심히 먹어 살을 찌웁니다. 식물들도 잎사귀를 떨구고 겨울잠을 자려고 준비하지요. 바삐 움직이는 겨울 채비로 늦가을은 분주히 깊어만 갑니다.

12월입니다. 12월 7일경은 대설(大雪)입니다. 이 시기가 되면 눈이 많이 온다고 해서 대설이라는 이름이 붙었지요. 겨울의 첫눈은 지역에 따라 약간씩 차이가 있으나, 강원도에서는 11월 중순에서 말쯤에 볼 수 있고 전국적으로는 12월 초순쯤에 볼 수 있어요. 옛날에는 12월 초순을 전후로 해서 제법 큰 눈이 내리기도 했었던 모양이에요. 하지만 지구온난화로 겨울에도 눈보다 비를 더욱 자주 만나는 요즘은, 대설이라는 절기도 체면을 구기는 때가 많아 보입니다. 대설에 정말 눈이 많이 오면, 이듬해에 풍년이 들고 푸근한 겨울을 난다고 했습니다.

12월 22일경은 동지(冬至)입니다. 동지가 지나가면서 눈이 많이 내리는 날이 잦아집니다. 동지는 1년에서 밤이 가장 길고 낮이 가장 짧은 날입니다. 동지 다음 날부터는 낮이 길어지기 시작하니, 민간에서는 흔히 동지를 일컬어 '작은 설날'이라고 했답니다. 낮이 길어지는 것은 태양의 부활을 뜻하므로, 설 다음가는 작은 설날 대접을 받은 것이지요. 그래서 동지팥죽을 먹어야 진짜 나이를 한 살 더 먹는다는 말이 있기도 하답니다.

예부터 동짓날이 따뜻하면 이듬해에 질병이 많아진다고 합니다. 또 눈이 많이 오고 날씨가 추우면 풍년이 들 징조라는 말도 전하지요. 겨울이 추우면 농작물에 해를 입히는 작은 곤충들이 많이 줄어드는 게 사실이므로, 꽤 과학적인 이야기인 것 같습니다.

고라니, 너구리, 족제비, 다람쥐, 멧밭쥐, 두더지, 삵 등 야생동물에게는 겨울이 힘든 계절입니다. 먹을거리가 부족하여 겨울나기가 참으로 어렵지요. 다람쥐는 겨우내 먹을 양식을 이곳저곳 저장해 두고, 겨울잠을 자면서 틈틈이 그것들을 먹으며 겨울을 난답니다. 하지만 다른 동물들은 이곳저곳 돌아다니며 먹을거리를 구하느라 바쁘고 힘든 하루하루를 보내야만 해요. 자연환경이 잘 보전되어 있으면 그나마 먹을거리를 구할 수 있지만, 도시의 자연은 워낙 열악한 탓에 배를 채울 만한 기회가 흔치 않습니다. 동물들이 먹을거리를 찾아 민가 근처에 자주 나타나는 이유이기도 하지요. 어렵게 겨울을 보내는 동물들에게 힘내라는 응원의 목소리를 보냅니다!

마지막으로 1월입니다. 1월 5일경은 소한(小寒)입니다. 소한은 작은 추위라는 뜻이지요. "대한이 소한이 집에 가서 얼어 죽는다"는 속담이 있습니다. 이름과는 달리, 대한보다 소한 때 훨씬 춥다는 거예요. 정말 그럴까요? 기후변화로 예측할 수 없는 날씨가 계속되다 보니, 매서운 추위의 소한을 겪을 때도 있지만 어떤 때는 봄날처럼 포근한 소한도 경험하게 됩니다.

1월 20일은 대한(大寒)입니다. 대한은 큰 추위라는 뜻이에요. 말로는 1년 중 가장 추워야 할 때인데, 소한에게 놀러 갔다가 얼어 죽었다니 체면이 말이 아닙니다. 실제로 대한이 지나면서 겨울 추위는 점차 수그러든다고 하네요. 대한의 추위와 관련된 속담에는 "춥지 않은 소한 없고 포근하지 않은 대한 없다", "소한 얼음, 대한에 녹는다" 등이 있습니다.

겨울은 겨울다워야 합니다. 겨울이 춥지 않으면 그해 농사는 흉작이라는 속설이 있습니다. 농사에 피해를 주는 각종 곤충과 벌레가 포근한 겨울을 무사히 넘기고 너무 많이 늘어나기 때문이지요.

새, 동물, 식물, 곤충 할 것 없이 추운 겨울을 나기 위해 저마다 열심이네요. 나무들은 겨울잠에 빠져들고, 풀들은 바닥에 바짝 붙어 있습니다. 동물들은 먹이를 찾아 바삐 돌아다닙니다. 강원도부터 남쪽 제주도까지 하천이나 강, 저수지, 해안가 등 넓은 물이 확보된 곳을 찾아가 보면, 엄청나게 추운 시베리아 동토를 떠나 겨울을 나기

습지의 겨울 철새 고니(출처: 한국저작권위원회)

위해 우리나라를 찾아온 물새들을 만나게 됩니다. 겨울 철새들에게 우리나라 겨울 추위쯤은 추위도 아닌 셈이지요! 바람이 불면 체감 온도가 영하 15℃ 이하로 쉽게 떨어지는 그런 차디찬 곳에서, 하루 종일 먹이를 찾고 휴식을 취하며 동료들과 몸을 부대끼고 있는, 아름다운 깃털로 장식한 생명들이 보이는군요. 그들을 보고 있자니, 생명의 신비로움에 고개가 절로 숙여집니다.

멀리 찾아다닐 필요도 없답니다. 주변에 하천이나 습지가 있다면 방문해 보세요. 물이 꽁꽁 얼지 않은 곳이고 운까지 따른다면, 백조라고 부르는 고니 가족도 만날 수 있고 노랑발갈매기, 논병아리, 뿔논병아리, 청둥오리, 흰뺨검둥오리, 흰죽지, 비오리, 댕기흰죽지, 쇠오리 등의 많은 겨울 철새들을 만나 볼 수 있을 거예요.

나의 생태발자국이 지구를 짓밟아요

생태발자국은 1992년 캐나다 브리티시컬럼비아대학교의 생태학자 윌리엄 리스(William Reeds)와 대학원생이던 마티스 웨커네이걸(Mathis Wackernagle)이 개발한 지표입니다. 인류가 매일 소비하는 자원과 배출되는 폐기물을 처리하는 데 필요한 비용을 토지 면적으로 환산한 수치인데, 한 사람이 밟고 선 땅의 넓이라는 뜻에서 생태발자국이라는 이름을 붙였어요.

즉 생태발자국은 인간이 소비하는 자연 물질을 헥타르 단위로 바꾸어 계산해 낸 결과치로, 소비한 물질을 다시 생산하기 위해 자연이 필요로 하는 면적을 말합니다. 수확한 만큼 다시 생장하는, 즉 자연이 그 본래 상태를 회복하는 데 필요한 시간과 물질을 생태발자국이 알려 주는 것이지요.

생태발자국을 계산할 때는 한 사람이 소비하는 식량을 생산하는 데 필요한 농토와 목초지, 그 사람이 이용하는 도로나 주거하고 일하는 데 필요한 토지 면적뿐만 아니라 심지어 숲의 면적까지 포함한 답니다. 에너지를 생산하느라 배출한 이산화탄소를 다시 흡수하는 숲의 역할이 결정적이기 때문이에요.

그런데 1970년대 중반을 지나면서, 생태발자국은 그 한계를 넘어서서 점점 커지고 있어요. 2022년에 측정한 자료에 의하면, 지구가 수용할 수 있는 일인당 생태발자국은 1.5gha(글로벌 헥타르)인데 실제 일인당 생태발자국은 2.6gha에 달했답니다. 그 차이가 −1.1gha나 되는 것이지요. 이는 적어도 지구가 하나 반 이상이어야, 인류의 소비를 뒷받침할 수 있다는 뜻입니다.

소비 문화의 형태에 따라 분명한 차이가 있는 것도 특징입니다. 만약 평균적인 미국인이나 캐나다인처럼 소비하며 살아가려 한다면, 지구가 네 개 이상이 필요합니다. 반면 아프리카 사람들이 소비하는 형태로 전 지구인이 살아간다면, 여전히 지구 하나로도 너끈하지요.

우리 지구는 모두의 필요를 충족할 만한 생태계 서비스를 제공할 수 있지만, 한 사람의 탐욕에도 부족하다는 말이 있어요. 적정한 생태발자국은 어느 선인지, 생태발자국을 어떻게 줄일 것인지 진지한 고민이 필요한 때입니다.

지구도 끝이 있다, 남은 용량은 얼마?

'지구 생태 용량 초과의 날(Earth Overshoot Day)'은 국제 생태발자국 네트워크(Global Footprint Network)에서 매년 분석·발표하는 지표입니다. 인류의 자원 이용이 지구의 생산 및 폐기물 흡수 능력을 초과하는 시점을 날짜로 표현한 것이지요. 앞에서 다룬 생태발자국과 문제의식이 연결되어 있다고 볼 수 있습니다. 지구 자원을 소모하고 환경을 파괴하는 속도가 갈수록 증가하고 있음을 나타내는 매우 중요한 자료예요.

이 지표를 보면, 2010년 이후로는 꾸준하게 8월 초에 지구 생태 용량을 초과하고 있음을 알 수 있습니다. 지구를 은행에 저축하는 돈(원금)이라고 생각해 볼게요. 지구가 인류에게 제공해 주는 생태계 서비스는 이자라고 치고요. 현명한 사람이라면, 원금을 보전하고 이자로만 살아가는 것이 지속 가능한 삶이라는 사실을 알게 되겠지요.

필요한 지구: 1개

필요한 지구: 1.7개

지구 생태 용량 초과의 날

'지구 생태 용량 초과의 날' 추이 그래프
(출처: Based on National Footprint and Biocapacity
Accounts 2023 Edition)

그런데 우리는 지금, 이자로는 부족하여 원금을 꺼내 생활하고 있는 셈이랍니다. 8월 초가 되면 이자가 바닥이 나서 그 후로는 원금을 이용할 수밖에 없어요. 원금이 줄어들수록 이자 또한 줄어들 테고, 결국 원금이 바닥나면 삶 자체가 위태로워질 수 있습니다.

지구 생태 용량 초과의 날을 통해, 세계자연보호기금(WWF)과 같은 환경단체들은 '생태적 부족'이라는 개념과 함께, 우리가 지구의 자원을 지속 가능한 수준으로 관리하고 보호해야 한다는 묵직한 주제를 강조합니다. 1971년부터 조사한 생태 용량을 초과하는 날의 흐름을 보면, 자연 훼손은 이미 만성적인 상태가 되었음을 알 수 있습니다. 그리고 우리가 1년에 쓸 자원을 모두 소진하는 날이 매년 앞당겨지고 있음도 확인할 수 있지요. 참고로, 2019년 지구 생태 용량 초과의 날은 7월 29일이었습니다.

지금 지구는 '위험 한계선' 진입 중

'지구 위험 한계선(Planetary Boundaries)'은 인류의 지속 가능한 발전을 위해 반드시 보존해야 하는 영역들을 지구시스템과학적으로 제시한 개념입니다. 2009년 스톡홀름 회복센터의 요한 록스트룀(Johan Rockström)과 호주 국립대학교의 윌 스테판(Will Steffen)이 이끄는 지구시스템 및 환경과학자 그룹은 스물여섯 명의 다른 과학자들과 협업 연구를 했는데요. 인간의 생존에 필수적인 아홉 가지 행성 생명유지시스템을 확인하고, 그 가운데 이미 정상 범위를 벗어난 요소를 정량화하려고 시도했어요.

그들이 말하는 아홉 가지 행성 생명유지시스템은 생물권 보전, 기후변화, 플라스틱을 포함한 합성화학물질, 성층권의 오존층 파괴, 대기의 에어로졸 농도, 해양 산성화, 질소와 인의 생물·지구·화학적인 순환, 담수 사용, 토지 사용입니다. 인간이 아홉 가지 항목에서 하나 이상의 지구 위험 한계선을 침범하면, 기하급수적인 환경 변화가 일어나게 된다고 보는데요. 대륙 또는 전체 지구가 영향을 받으며, 그로 인해 재앙적인 결과를 초래할 수 있다는 것이지요.

지구 위험 한계선이라는 개념이 제시된 2009년을 기준으로, 총 아홉 가지 항목 가운데 이미 세 가지 요소가 위험 한계선을 넘어선 상태였습니다. 그리고 과학자들은 2023년에 여섯 가지(생물권 보전, 기후변화, 플라스틱을 포함한 합성화학물질, 질소와 인의 생물·지구·화학적인 순환, 담수 사용, 토지 사용)가 이미 한계선을 넘어선 것으로 보고 있답니다.

한계선 안에서 관리되고 있는 부분은 성층권의 오존층 파괴, 대기의 에어로졸 농도, 해양 산성화 등입니다. 성층권 오존층 파괴는 한때 어느 환경문제보다도 심각했었지요. 그러다 국제사회의 지속적인 협력과 실천을 통해, 이제는 한계선 안에서 관리되고 있습니다.

성층권의 오존층은 우주에서 지구로 쏟아지는 자외선을 흡수함으로써, 지구의 생명체를 지켜 주는 보호막 역할을 합니다. 자외선 증가는 피부암, 백내장, 면역력 저하 등 건강 문제를 일으킬 뿐만 아니라, 식물의 성장과 해양 플랑크톤의 생존에도 영향을 미쳐 생태계 전체에 피해를 줄 수 있어요.

당시 성층권의 오존층을 위협했던 것은 염화불화탄소(CFCs)라는 인공 화학물질이었답니다. 이 물질은 냉각제나 에어로졸 추진제, 발포제 등에 광범위하게 사용하던 매우 안정적인 화합물이었지요. 그런데 산업화와 함께 냉매와 에어로졸 사용이 급격하게 늘어나면서, 다량의 염화불화탄소가 대기 중으로 방출되었고 화학 반응을 통해 성층권의 오존층을 파괴하기 시작했어요. 실제로, 남극 상공의 오존 층이 얇아지다 못해 구멍이 나고, 그 구멍이 점점 넓어지는 현상이 관측되기까지 했답니다.

그래서 그 문제를 해결하기 위해 전 세계가 노력하기 시작합니다. 국제사회는 1987년에 '몬트리올 의정서'를 채택하여 오존층 파괴 물 질의 생산과 사용을 단계적으로 줄이기로 합의하고, 기업은 염화불 화탄소의 대체물을 발 빠르게 개발하기 시작했어요. 그러한 범지구 적인 협력과 실천을 통해, 결국 오존층 파괴 문제를 안정적으로 통 제하기에 이르렀답니다. 오존층 파괴가 한창 진행되고 있을 때는 뉴 질랜드 여행객에게 선글라스는 반드시 준비해야 할 필수품이었어 요. 자외선 증가 때문에 생길 수 있는 백내장을 예방하기 위한 것이 었지요.

시민들의 적극적인 참여와 실천도 문제 해결에 한몫했습니다. 염 화불화탄소가 함유된 헤어무스나 헤어스프레이를 쓰지 말자는 자 발적인 실천 캠페인들이 광범위하게 진행되었던 거예요. 전 세계인이 자발적으로 실천한 성층권 오존층 보호 활동! 이 일은 우리에게 아 무리 어려운 문제라도 해결할 수 있다는 희망을 보여 줍니다. 오늘 날 우리가 당면한 기후위기, 생물다양성 위기 등 전 지구적인 문제도 우리 모두의 노력을 통해 반드시 해결할 수 있음을 알려 주고 있지요.

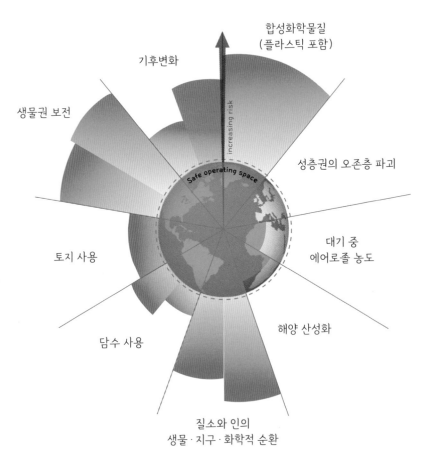

지구 위험 한계선
(출처: 스톡홀름 회복센터)

이 세상에 나쁜 벌레는 없다!

여러분이 가장 싫어하는 생명체를 세 가지만 꼽아 볼까요? 아마도 파리, 모기, 바퀴벌레를 꼽는 사람이 많을 거예요. 그들은 모두 해충이라고 불립니다. 해충은 해로운 곤충이라는 뜻이지요. 달리 말하면 전혀 쓸모없는 존재라는 뜻이기도 합니다. 그래서 사람들은 우리가 해충이라고 부르는 그것들이 지구상에서 없어져도 되는 생명이라고 생각합니다. 그런데 이 세상에 존재하는 생물 가운데 사라져도 되는 생물이란 것이 있을까요? 그런 생물이 있다고 해도, 도대체 사라져도 되는 생물의 기준은 또 무엇일까요?

생태계 차원에서 보면 모든 생물은 나름의 존재 이유가 있습니다. 전체적인 시스템 속에서 각자의 역할을 수행하지요. 앞에서 이야기했던 대로, 파리는 분해자로서 생태계 순환의 중요한 연결 고리 역할을 합니다. 모기는 또 어떤가요? 좀모기과에 속하는 모기가 사라진다면, 우리는 더 이상 초콜릿을 먹을 수 없게 돼요. 모기가 카카오

꽃가루를 운반하여 수분을 매개하는 유일한 곤충이기 때문이지요.

카카오꽃은 매우 작고 구조가 복잡하답니다. 그래서 3mm가 채되지 않는 좀모기과의 모기만 꽃 속으로 침투할 수 있다고 해요. 좀모기과의 모기가 카카오꽃의 꽃가루를 퍼트려 주지 않는다면, 카카오 열매 자체가 멸종하여 수확할 수도 없게 되겠지요. 모기는 카카오꽃뿐만 아니라 다양한 종류의 꽃가루를 옮겨 준다고 합니다.

나아가 모기가 사라진다면 먹이사슬에 큰 구멍이 생겨 다른 생명체도 위험에 빠지게 됩니다. 모기의 유충인 장구벌레는 물속에서 생활하면서 다른 생명체의 먹이가 된답니다. 장구벌레를 먹이로 삼아 송사리가 성장하고, 성장한 송사리는 더 큰 물고기의 먹이가 되어 주지요. 그런 물고기의 최종 소비자 중의 하나가 바로 인간이란 사실을 생각한다면, 모기 또한 우리의 생명 유지에 꼭 필요한 존재임을 부인할 수 없을 거예요.

바퀴벌레는 또 어떤가요? 바퀴벌레는 전 세계에 4,500종이 넘지만, 가정에서 해충으로 분류되는 것은 고작 12종 정도에 불과하다고 합니다. 바퀴벌레 또한 낙엽이나 동물의 유해 등을 분해하는 청소부 역할을 하고 있어요. 청소부가 모두 사라져 버린다면 어떤 일이 벌어질까요? 일주일도 지나지 않아, 집마다 거리마다 처리되지 않고 뒹구는 쓰레기로 악취가 진동할 거예요.

인간 중심에서 생태계 중심으로, 지구 중심으로, 더 나아가 우주 중심으로 세상을 바라보면 지금까지와는 전혀 다른 사고와 상상을 할 수 있어요. 파리, 모기, 바퀴벌레를 인간 중심으로 바라본다면 전혀 쓸모없는 생명이지만, 지구 생태계의 관점에서는 그 존재 이유가 분명한 생명임을 알 수 있습니다.

다양할수록 좋다!

생명은 다양하게 공존할수록 좋습니다. 생명이 다양할수록 생태계는 안정적이지요. 식물들의 꽃가루받이를 도와주는 생명이 꿀벌 단 한 종이라면 어떻게 될까요? 그 꿀벌이 사라지면 과연 어떤 일이 벌어질까요? 분해자 역할을 하는 생물이 표고버섯 단 한 종이라면, 표고버섯이 사라졌을 때 숲에는 어떤 일이 일어날까요?

그렇습니다. 생명이 다양할수록 생태계는 안정적이고 지속 가능합니다. 작은 교란이 일어나도, 생명이 다양하면 정상 상태로 빨리 회복하게 되지요. 일반적으로 생태계는 다양성을 향해 나아갑니다.

경쟁보다 공생이다!

생명끼리의 관계는 기본적으로 경쟁, 공생, 기생, 포식의 네 가지 형태로 나타납니다. 경쟁은 먹이나 서식지 등의 제한된 환경을 이용하기 위해 벌이는 상호작용입니다. 공생은 종류가 다른 두 생명이 한곳에서 서로 해를 주지 않고 도움을 주고받으며 함께 사는 관계를 말해요. 기생은 서로 다른 생명이 함께 살되, 한쪽이 이익을 얻어 다른 쪽에 해를 끼치는 생활 형태를 뜻하지요. 마지막으로, 포식은 한 생명이 다른 생명을 잡아먹는 관계입니다. 여기서 가장 일반적인 형태가 무엇이냐고 누가 묻는다면, 과거에는 경쟁이라고 대답했을 거예요. 하지만 지금은 공생과 협력이라고 말합니다.

우리는 어려서부터 "사회는 정글이자, 약육강식이 지배하는 세상이다", "강한 자만이 살아남는다", "경쟁에서 이기지 못하면 도태된다"라는 말을 듣고 배우며 살아왔습니다. 저도 그랬던지라, 경쟁이 가장 보편적인 관계 맺기의 방식이라고 자연스럽게 생각했지요. 심지어 한때는 인간도 유전적으로 우수한 인간과 인종이 있고 그렇지 못한 인간과 인종이 있다고 했으며, 우수한 인간(인종)이 열등한 인간(인종)을 지배하는 것은 자연의 이치라고까지 했으니, 더 말해 뭐 하겠어요.

그런 생각이 사회를 지배한 데는 생물학이 한몫했답니다. 그때까지만 해도, 생물들의 세상은 무수한 경쟁이 난무하는 곳이고 그 경쟁에서 이긴 강한 자만이 살아남아 유전자를 남기는 것처럼 보였기 때문이지요. 경쟁이 진화의 기본 동력이라는 생각마저 할 정도였어요.

하지만 자연에 대한 이해가 깊어질수록, 사실은 그와 매우 다르다는 깨달음 또한 깊어졌지요. 심지어는 "진화의 기본 동력은 경쟁이 아니라 공생"이라고 단언하는 사람마저 생겼답니다. 실제로 생명들이 살아가는 세상을 들여다보면, 경쟁보다는 공생의 관계가 더 일반적이라는 생각이 듭니다.

식물들의 세상을 보면 확실히 알 수 있어요. 많은 연구를 통해, 대부분의 식물들이 균근(菌根)과 공생관계를 통해 함께 성장한다는 사실이 밝혀졌답니다. 진균류를 파트너로 두지 않고 자랄 수 있는 식물종은 거의 없으며, 진균류 파트너를 둔 식물종이 더 잘 자라는 것으로 알려져 있지요. 삼림 생태학자인 수잔 시마드(Suzanne Simard)는 식물과 균근균과의 방대한 연결망을 인터넷에 비유하면서, 나무들이 그물망을 통해 소통한다고 주장합니다.

진균류는 식물처럼 엽록체를 가지고 있는 것이 아니어서, 스스로 먹이를 만들어 낼 수 없어요. 하지만 번식을 하려면 당 형태의 에너지가 필요하기 때문에, 균근균은 살아 있는 식물의 뿌리 속으로 뚫고 들어가서 식물에게 당을 얻습니다. 나무에서 당을 얻은 보답으로, 진균류의 방대한 균사망은 나무뿌리에 물과 영양분을 공급해 주지요. 그런 도움이 없다면, 나무뿌리는 주변의 광물질만으로는 충분한 수분과 영양분을 얻지 못할 거예요.

진균류의 균사망은 나무가 가닿는 흙의 면적을 상당히 늘려 주며, 물을 흡수하여 나무에 전달합니다. 균사는 흙 속에서 인이나 질소 같은 중요한 영양분을 뽑아내는 일을 나무뿌리보다 더 잘해 낸답니다. 그래서 당을 얻은 대가로, 그런 영양분을 나무에게 보내 주는 거예요. 그리고 균사는 흙 속의 질소를 분해하고, 벌레를 죽이기도 합니다. 또한 벌레의 몸에서 미량원소를 흡수하는 효소를 분비하는데, 그 효소 또한 나무에 전달하지요.

공생과 협력은 자연에서 경쟁 못지않게 자연을 움직이는 중요한 힘이며, 자연선택이라는 냉혹한 게임에서 선택적 우위를 가져다준다고 알려져 있습니다. 인간 사회도 마찬가지라고 생각해요. 경쟁 우위의 사회보다는 공생과 협력을 지향하는 사회가 훨씬 건강하고 지속 가능하다고 믿습니다.

생명, 그 이유만으로 존귀한 존재

인간은 인간인 이상 권리를 갖는다고 우리는 배웠습니다. 그 권리는 타고나는 것이라고도 했지요. 부자든 가난한 자든 상관없어요. 학력의 높고 낮음이나 피부색과도 무관하고, 남녀노소 모두에게 평등합니다. 모든 인간이 갖고 태어나는 그 권리를 최대한 보장하기 위해, 국가와 사회는 끊임없이 노력하고 있어요. 그런데 사람이 아닌 다른 생물은 어떨까요? 그들에게도 권리가 있을까요?

그들에게도 당연히 권리가 있다고 주장하는 사람들이 점차 늘어나고 있어요. 지구상에 존재하는 모든 생명은 자기 모습대로 존재할 권리, 그들의 서식지에서 온전한 삶을 살아갈 권리, 지구 공동체 안에서 자신의 역할과 기능을 수행할 권리를 갖는다고 말이지요. 그런 생각을 헌법에 담은 나라가 있어요. 바로 남미의 에콰도르입니다.

에콰도르는 2008년 개헌을 통해 자연의 권리를 명문화했어요. 헌법에 명시한 자연의 권리는 크게 두 가지인데요. 하나는 '존재 자체와 생명의 순환과 구조, 기능 및 진화 과정을 유지하고 재생을 존중 받을 권리'이고, 다른 하나는 '(훼손되었을 경우) 원상회복할 권리'입니다. 그 헌법에는 '모든 개인과 공동체 등은 당국에 자연의 권리를 집행하도록 요구할 수 있다'는 규정도 포함되어 있어요. 헌법은 모든 법의 기준이 되는 법이랍니다. 헌법에 따라 모든 법은 자연의 권리를 보장하는 방향으로 제정되고 운영되어야 하지요.

볼리비아는 '어머니 지구의 권리에 관한 법'을 통과시키면서, 자연의 권리와 그에 따른 정부와 국민의 책임을 규정했습니다. 이런 흐름은 자연에 법인격을 부여하여, 자연의 권리를 보장하고자 하는 움직임과도 관련되는데요. 뉴질랜드는 2017년에 마오리족이 오랫동안 신성시했던 황거누이강에 법인격을 부여했답니다. '법인'이란 자연인 이외에 법률상 권리와 의무의 주체가 될 수 있는 집단이나 단체를 말해요. 보통 법률상의 권리와 의무를 갖는 주체는 사람인데, 앞으로는 자연에도 사람의 지위를 부여하겠다는 것이지요.

너무 생소한 개념인가요? 무생물인 기업에도 사람의 지위를 부여하고 있는 현실을 고려하면, 생물에게 법인격의 권리를 부여하는 것이 전혀 뚱딴지같은 일은 아닐 거예요. 인도는 갠지스강과 야무나강에 '살아 있는 사람에게 부응하는 모든 권리, 의무와 책임'이라는 법적 권리를 주었고, 콜롬비아 대법원 또한 아마존강에 법적 권리를 부여하는 등 그런 사례는 점점 늘어나고 있답니다.

우리나라도 그런 시도를 하고 있는데요. 제주도는 남방큰돌고래를 보호하기 위한 일환으로, '생태법인'을 제도화하는 방안을 고민하고 있어요. 남방큰돌고래에 법인격을 부여하여 법적 권리를 주고자 하는 것이지요. 남방큰돌고래는 인도양과 서태평양의 열대 및 아열대 해역에 분포하는 중형 돌고래로, 우리나라에는 현재 제주도 연안에만 110~120마리쯤 서식하는 것으로 알려져 있어요. 세계자연보전연맹(IUCN)은 남방큰돌고래를 적색목록상 '준위협종'으로 분류하는데, 제주도의 남방큰돌고래 개체수는 호주(약 3,000마리)와 일본 규슈(약 300마리) 등에 살고 있는 돌고래 군집과 비교하면 세계에서 가장

작은 군집에 속해요.

게다가 제주 연안은 해상 교통량의 증가로 인한 선박과의 충돌 위험, 어업활동에 따른 혼획, 해상 풍력 개발로 인한 서식지 파괴, 저주파 소음 등 여러 가지 환경이 남방큰돌고래의 생존에 위협 요소로 작용하고 있답니다. 그러므로 각별한 주의가 필요한 상황이지요.

만약 남방큰돌고래가 법인격을 획득하면 어떻게 될까요? 인간이 피해를 입으면 법에 의지하는 것과 같은 방식으로, 법원에 기소하여 문제를 해결할 수 있게 된답니다. 물론 법이 모든 문제를 해결해 줄 수는 없어요. 하지만 생물에게 법인격을 부여하는 것만으로, 자연에 대한 인간의 인식과 태도에 근본적인 변화를 일으킬 수 있지 않을까요?

7장

자연과 함께 살아가기

내 작은 노력이 지구를 살려요

우리는 인류세에 살고 있습니다. 인간이 가진 힘은 지구를 파괴할 수 있을 정도로 막강해졌어요. 이제 그 힘을 파괴의 영역이 아니라, 창조의 영역에서 활용해야 합니다. 날마다 약 500만~1,300만t의 플라스틱 쓰레기가 바다로 흘러 들어가고, 하루에 100종의 생물종이 멸종하고 있습니다. 누구도 이런 세상이 지속 가능하다고 생각하지 않을 거예요. 이제는 자연을 이용의 대상이 아니라, 공생하고 공존하는 대상으로 바라봐야 합니다. 인간 또한 자연의 일부라는 사실을 인정하고 받아들여야 해요.

과학자이자 환경운동가인 데이비드 스즈키(David Suzuki)는 "진짜 문제는 인간의 마음"이라고 말합니다. 마음은 행동을 조정하고, 믿음과 가치는 우리가 이 세상을 바라보는 방식을 결정하며, 이는 다시 우리가 세상을 대하는 방식을 결정하기 때문입니다. 인간이 우주의 중심이라고, 모든 것이 인간을 중심으로 돌아간다고 여기는 한 우리는 우리가 만드는 위험을 보지 못할 거예요. 스즈키는 그 위험을 보려면 우리의 삶과 안녕이 자연의 풍요에 의지하고 있음을 인식해야 한다고 지적합니다. 옳은 말입니다. 그리고 우리의 노력이 필요합니다. 생명으로 충분한 지구 생태계로 회복하기 위해서 말이지요.

어떤 노력이든 좋습니다. 미국의 작가인 마거릿 렌클(Margaret Renkl)은 이렇게 말합니다. "어떤 일을 하는 것과 아무 일도 하지 않는 것에는 차이가 있습니다. '어떤 일'은 작아 보일 수 있지만, 아무 일도 아닌 건 아닙니다. 아주 작은 것이라도 하는 것과 하지 않는 것의 차이는 굉장합니다. 이는 가슴 뛰는 흥분과 침묵만큼이나 다릅니다"라고요.

생물다양성 보전을 위해 함께 노력하기

환경문제에는 매우 다양한 것들이 있습니다. 그 가운데 전 세계가 가장 중요하게 생각하는 환경문제를 들자면 기후위기일 거예요. 하지만 기후위기 못지않게 심각한 환경문제가 있으니, 바로 생물다양성 위기입니다. 일부 자연과학자들은 심지어 기후위기보다 생물다양성 위기가 더 심각하다고 주장하기도 해요.

그래서 1992년 브라질의 리우데자네이루에서 환경 회의가 개최된 거예요. 그 자리에 모인 전 세계의 환경 지도자들은 심각한 지구환경 문제를 해결하기 위해 전 지구적인 노력이 필요하다는 데 동의합니다. 그때 논의된 지구환경 문제가 바로 기후위기, 생물다양성 위기 등이었지요. 이 문제를 해결하기 위해 국제 협약을 논의하기 시작했고, 그 결과로 기후변화 협약, 생물다양성 협약 등이 체결되었어요.

우리는 기후변화 협약에 대해서는 어느 정도 알고 있어요. 기후위기를 해결하기 위해서는 2050년까지 탄소중립을 달성해야 하고, 탄소중립 달성을 위해서는 적어도 2030년까지 최소 40% 이상 온실가스 배출을 감축해야 한다는 것을 말이지요. 재생에너지를 확대하고, 석유와 석탄 사용을 줄이며, 이동 수단을 친환경적인 방식으로 바꿔야 한다는 등의 구체적인 방법에 대해서도 어느 정도 알고 있습니다. 하지만 생물다양성과 관련해서는 잘 모르고 있는 게 사실이에요.

생물다양성 협약에 참여하고 있는 당사국들은 중국의 쿤밍과 캐나다 몬트리올에서 진행된 회의를 통해 2022년 12월에 중요한 합의를 만들어 냅니다. 이를 '쿤밍-몬트리올 생물다양성 프레임워크(GBF)'라고 하는데요. 2050년까지 '자연과 조화로운 삶'이라는 비전을 제시하고, 생물다양성 감소 추세를 반전시키기 위하여 2030년까지 전 세계적으로 달성해야 하는 세부 목표를 설정했어요. 생물다양성 협약에 참여하고 있는 국가는 그 목표들을 반영한 국가 전략을 수립하고, 이행 결과 보고서를 제출하게끔 강제하고 있지요. 우리나라도 이런 국제사회의 흐름에 참여하고, 그 목표를 이행하기 위해 노력해야 합니다.

2050년까지 정말 자연과 조화로운 삶을 달성할 수 있을까요? 2030년까지 우리가 어떻게 노력하느냐에 따라 달라지겠지요. 2030년까지 달성해야 하는 실천 목표는 스물세 가지인데요, 그 내용을 대략 추리면 다음과 같습니다.

생물다양성을 고려한 공간 계획을 지구의 모든 지역을 대상으로 수립해야 해요. 육지, 바다, 하천과 습지의 훼손된 지역을 최소 30% 까지 복원해야 해요. 생물다양성을 위해 특히 중요한 육상과 해양 지역의 최소 30%를 보호지역으로 보전해야 해요. 위협에 처한 생물종의 회복과 보전을 위해, 현지에서의 보전과 현지 밖에서의 보전을 포함한 관리 조치를 보장해야 해요. 모든 야생종을 수확·거래·이용하는 데, 지속 가능하고 합법적이며 인간 건강에 안전하도록 관리해야 해요. 침입 외래종의 유입 경로를 관리하여, 유입 및 정착을 최소 50% 줄여야 해요. 생물다양성과 생태계에 해롭지 않은 수준까지 오염 발생을 줄여야 해요. 구체적으로 환경 유실 영양분을 반감하고, 살충제 사용을 2/3 이상 줄여야 하며, 플라스틱 폐기물 배출을 제로화해야 해요. 자연 기반 해법과 생태계 기반 접근법*을 통한 완화·적응 조치를 통해, 생물다양성에 미치는 기후변화의 영향을 최소화하여 국제적 차원의 노력에 기여해야 해요. 도시와 인구 밀집 지역에서 녹지와 친수공간의 면적, 질, 연결성, 접근성, 혜택을 증진해야 해요. 또한 생물다양성을 포함한 도시 계획을 보장해야 해

---

* 건강한 바다와 습지일수록 더 많은 온실가스를 흡수하며, 건강한 숲과 나무 역시 더 많은 온실가스를 흡수한다. 따라서 숲이 늘어나고 나무가 많아지는 것은 기후변화를 완화하는 역할을 한다. 이렇듯 자연을 활용하여 다양한 환경문제를 해결하고자 하는 기법을 자연 기반 해법 또는 생태계 기반 접근법이라고 한다.

요. 생물다양성의 가치가 모든 사회·경제·산업 분야에서 이뤄지는 정책, 규제, 계획 및 개발 과정, 빈곤 감소 계획, 환경 영향 평가에 포함되도록 보장해야 해요. 모든 사업체 및 금융 기관이 생물다양성에 대한 그들의 영향을 정기적으로 평가하고 투명하게 공개하기 위한 법적·행정적·정책적 수단을 시행해야 해요. 지원 정책, 입법·규제, 교육 개선 및 정보 제공을 통해, 모든 사람들이 지속 가능한 소비를 장려하고 실천할 수 있도록 보장해야 해요. 생물다양성에 해로운 보조금과 인센티브를 2025년까지 규명하고 점진적으로 줄여 나가야 해요. 토착 지역 공동체, 여성 및 소녀, 아이 및 청년, 장애인이 생물다양성과 관련된 의사결정에 참여하고 관련 정보에 접근할 수 있도록 보장해야 해요.

이상이 생물다양성을 위해 우리가 2030년까지 달성해야 하는 실천 목표입니다. 2030년이라니, 앞으로 얼마 남지 않았네요. 그 안에 우리는 이 모든 일들을 해낼 수 있을까요? 그럴 수 있기를 간절히 바랍니다.

자연과 사람이 조화로운 도시 만들기

자연과 조화로운 삶, 다양한 생물이 공존하는 삶을 우리가 사는 동네부터 만들어 보면 어떨까요? 자연과 사람이 조화로운 도시를 만들기 위해서는 어떤 노력이 필요할까요? 인구의 절반이 도시 지역에서 살고 있고, 앞으로 이런 추세는 점차 강화될 것으로 보이는데 말이에요.

자연과 사람이 조화로운 도시를 만들려면, 우선 도시에서 풍부한 자연의 공간을 확보해야 합니다. 도시에 자연이 충분히 존재하지 않으면, 우리는 여러 가지 문제를 겪는다는 사실을 알게 되었어요. 그래서 가장 중요한 것은 도시의 자연을 어떻게 보전할 것인가 하는 문제예요.

우리가 사는 공간을 100으로 보았을 때, 숲과 나무가 존재하는 공간, 다시 말해 녹색으로 뒤덮인 공간이 얼마나 차지하는지를 녹지율로 표시할 수 있습니다. 녹색으로 뒤덮인 공간이 30쯤 된다면, 녹지율은 30%가 되는 것이지요. 녹지율을 높이기 위해서는, 우선 지금 남아 있는 공간을 개발로부터 지키고 보전하는 노력이 필요해요. 개발로 사라진 곳을 다시 복원하려면 몇 배 이상의 노력이 필요하다고 합니다. 자연이 사라지기 전에 지켜내는 것이 중요하다는 말이지요. 우리는 이를 '함께 지키기'라고 이름 지었어요.

두 번째로, 도시의 부족한 자연을 늘려야 합니다. 도시가 건강하기 위해서는 어느 정도의 자연이 필요할까요? 많으면 많을수록 좋을 거예요. 에드워드 윌슨 박사는 최소한 지구의 절반을 자연에 되돌려 주자고 주장합니다. 이를 '함께 늘리기'라고 말할 수 있겠네요. 도시의 절반이 숲과 나무로 우거진 모습을 상상해 보세요. 그런데 도시는 워낙 고밀도로 개발된 공간이다 보니, 더 이상 숲을 조성하고 나무를 심을 곳이 없다고 하는군요. 정말 그럴까요?

조금만 생각을 바꾸면 도시 공간이 달라 보일 수 있어요. 가로수를 예로 들어 볼까요? 가로수는 가로를 따라 일정 거리마다 심은 나무를 말합니다. 보통 7~8m마다 한 그루씩 심지요. 이전까지는 가로수 사이를 빈 공간으로 남겨 놓았어요. 하지만 지금은 많이 달라졌답니다. 그 사이에 키가 좀 더 작은 나무를 심는 거예요. 그리고 그 사이에는 좀 더 작은 관목을 심고 마지막으로 작은 풀을 심어요. 그러면 똑같은 면적임에도, 몇 배 이상의 나무를 심는 결과를 얻게 되지요. 가로수 옆에 매우 큰 도로가 있다면, 한 차선을 줄이고 그 공간에 가로수를 추가로 식재할 수도 있어요. 그렇게 되면 두 줄로 식재된 가로수길이 만들어지지요. 어떻게 보느냐에 따라 공간을 활용하는 방식이 달라질 수 있습니다.

건물 옥상은 또 어떤가요? 도시는 워낙 인구밀도가 높다 보니 건물을 굉장히 많이 짓는다는 특징이 있지요. 그러니 건물 옥상에 숲을 조성하고 식물을 심는다면, 도시 녹지의 양을 엄청 많이 늘릴 수 있지 않을까요? 건물의 벽면을 활용하면 어떨까요? 오늘날엔 기술이 발달해서 벽면에 지지대를 설치하고 식물을 고정하면, 건물의 수직면에서도 충분히 식물을 키울 수 있어요. 그런 공간을 '수직정원(vertical garden)'이라고 부르지요.

동네를 돌아다니다 보면, 생각보다 방치된 공간을 많이 발견할 수 있어요. 그런 곳을 찾아 작은 정원을 만든다면, 그 또한 도시에 자연을 불러들이는 소중한 공간이 되겠네요. 이처럼 자연을 지키고 늘려서 도시 면적의 절반 이상이 자연이 된다면, 정말 숲속에 자리 잡은 도시가 될 수 있지 않을까요?

다음은 '돌보기'입니다. 설악산 깊은 계곡에 살고 있는 소나무와, 서울 종로구에 가로수로 식재된 소나무 중에서 어떤 나무가 더 건강하고 활력이 넘칠까요? 당연히 설악산 계곡에 살고 있는 소나무겠지요. 도시는 인간에게 그러하듯, 생물들이 살기에 척박한 환경입니다. 앞에서도 이야기했듯이, 보통 가로수에 할당된 땅의 면적은 약 $1m^2$

에 지나지 않아요. 가로 1m, 세로 1m쯤 되는 자리가 가로수에게 허락된 공간의 전부랍니다. 그 공간마저 지나다니는 사람들에게 흙이 밟히는 것을 보호하기 위해, 철판으로 된 두꺼운 보호 덮개로 덮어 놓았어요. 한쪽으로는 자동차가 다니는 아스팔트 길이고, 맞은편은 사람들이 왕래하는 보행 도로이지요. 그 길마저 보도블록 등으로 덮여 있고요.

나무는 흙 속에 있는 양분과 물을 빨아들입니다. 그리고 공기 중의 이산화탄소와 태양에너지를 이용하여 양분을 만들고, 물과 산소를 부산물로 만들어 내지요. 그런데 가로수에게 주어진 흙이라고 해봐야 고작 $1m^2$에 지나지 않으니, 건강하게 자라는 게 쉽지 않습니다.

그처럼 열악한 환경에서 살아가는 가로수에게 조금만 신경을 쓰고 돌보아 준다면 가로수는 훨씬 건강하게 자랄 수 있을 거예요. 그러면 가로수로서의 역할도 훨씬 커지게 되겠지요. 자동차가 만들어 내는 미세먼지와 오염물질을 걸러 주고, 길을 걷는 사람들에게 시원한 그늘을 제공해 주는 등의 역할 말이에요.

그런데 도시의 자연을 보전하고 늘리고 돌보는 일은 한 사람의 힘으로 할 수 있는 일이 아니랍니다. 수많은 사람들이 참여하고 실천해야만 가능한 일이에요. 자연과 더불어 살아가는 것이 매우 가치 있다는 사실을, 지속 가능한 미래를 위해서는 자연과의 공존과 공생이 매우 중요하다는 사실을 받아들여야 가능한 일입니다. 그래서 '자연과의 공존 및 공생의 삶 수용하기'가 네 번째 원칙이라 생각해요.

지키고, 늘리고, 보살피는 활동을 통해서 도시 공간에 자연을 충분히 들일 수 있다면, 이제는 자연이 주는 아낌 없는 혜택을 함께 누리는 일이 남았네요. 지속 가능한 범위에서 도시 속 모든 생명이 소외되지 않고 자연이 주는 생태계 서비스를 마음껏 누릴 수 있게 된다면, 비록 도시이긴 하지만 삶의 질은 높아질 수 있습니다.

실천 1. 지역 자연환경 전문가 되어 보기

우리는 누구나 지역의 자연환경 전문가가 될 수 있어요. 지역 자연환경 전문가가 되는 방법은 간단합니다. 정기적으로 지역의 자연환경을 모니터링하면 돼요. 모니터링이 어렵다면, 꾸준하게 관찰하고 기록하는 활동으로도 지역의 자연환경 전문가가 될 수 있답니다.

독일의 어느 시골 마을에서 한 꼬마 아이가 진행했던 모니터링 활동을 소개해 볼게요. 아이가 사는 마을 인근에 작은 습지가 있었다고 해요. 아이가 학교를 오가는 길에 매번 지나치는 습지였지요. 그리 크지는 않으나, 주변 환경과 어울려 제법 아름다웠답니다. 습지 주변으로는 잘 정비된 경작지가 있었고, 작은 초지와 숲도 있었어요. 습지에 물안개가 피어오르고 그 사이로 햇살이 들어오는 날은 그야말로 장관이었지요.

어느 날 아이가 등굣길에 보았던 습지가 바로 그런 모습이었습니다. 아이는 잠깐 넋 놓고 습지를 바라보다, 매일 변화하는 습지를 기록해 보면 참 좋겠다는 기특한 생각을 하게 됐어요. 그러고는 바로 실행에 옮겼지요. 우선 학교 앞에 있는 문구점에 들러 하루하루의 변화를 기록할 기록장을 구입했어요. 그리고 바로 그날부터 매일 습지에 들러 관찰과 기록을 하기 시작했습니다.

평일에는 하굣길에 잠시 짬을 내었고, 휴일에는 집에서 멀지 않으니 산책하는 길에 습지에 들렀지요. 습지에 도착하면 편한 자리를 찾아 앉은 후, 어제와 다른 변화가 있었는지를 중심으로 관찰을 시작했어요. 첫날에는 잠자리를 발견했나 봅니다. 잠자리와 관련한 관찰 내용이 기록장에 담겼어요. 대략 이런 내용이었습니다.

"관찰을 시작한 지 5분 정도 지나자, 우리 집이 있는 방향에서 'UFO 잠자리 1' 한 마리가 습지로 날아왔다. 이름은 잘 모르겠다. 몸통 색깔은 정말 파랗다. 파란 하늘색과 비슷하다. 크기는 내 엄지손가락보다 두 배 정도 되었다. 습지 수면에서 내 키만큼 되는 높이로 날았다. 시계 방향으로 어지럽게 날아다녔다. 수면 가까이 날면서 꼬리를 재빨리 수면 아래로 담그는 모습이 보였다. 몇 차례를 반복했다. 왜 그런지는 잘 모르겠다. 그러다 힘들었는지 이름 모를 풀 끝으로 날아가 앉더니, 1분 정도 쉬었다. 바람이 불자 깜짝 놀랐는지 다시 날아올랐다. 또 습지 위를 이리저리 날아다니다가 숲 쪽으로 날아가더니 보이지 않게 되었다."

생물학을 전공한 전문가가 아니더라도, 이런 식의 관찰과 기록은 누구나 할 수 있답니다. 어느 날의 기록장에는 이런 내용도 담겨 있었어요.

"오늘은 일요일이라 학교 가지 않는 날. 점심 먹고 잠깐 습지로 탐험을 왔다. 습지 너머 작은 숲에서 아름다운 소리가 들려왔다. 어떤 동물이 저렇게 아름답게 우는 걸까? 아마 새겠지? 'UFO 새 1'이라고 하겠다. 소리가 마치 '뻐꾸욱~ 뻐꾸욱~' 하는 것처럼 들린다. 20초쯤 울다가 잠시 멈추더니, 다시 20초 정도 울다가 더 이상 소리가 들리지 않았다."

이번에는 새소리를 들은 모양이지요? 멀리서 들려오는 소리였으니, 어떤 새가 그렇게 우는지 눈으로 확인하지는 못했어요. 그런데 동물들의 울음소리는 그 동물을 확인하는 중요한 정보라는 사실을 여러분은 알고 있나요?

아이는 매번 그런 방식으로 습지를 기록했답니다. 단순하게 '어떤 생물을 보았다'는 데서 그치지 않고, '어떤 생물을 보았고, 그 생물은 어땠다'라는 식으로 자세히 관찰하고 기록했지요. 그리고 아이의 기록에는 자기만의 약속을 정하고 기록하는 특징도 보입니다. 아직 어리다 보니 생물 이름에 대한 지식이 그리 많지 않았어요. 생물의 이름을 아는 경우가 드물었지요. 그럴 때 아이는 생물의 이름에 UFO라는 자기만의 약속 기호로 표시했어요. 'UFO'는 미확인비행물체(Unidentified Flying Object)의 약자이지요. 알지 못하는 생물에

UFO라는 약자를 붙여서 표기한 거예요.

그런데 이런 약자가 계속 남아 있었던 것은 아니에요. 우리가 정보를 얻는 방법은 아주 다양하잖아요. 어느 날 아이는 '습지의 날' 기념으로 방영되는 다큐멘터리를 시청하게 되었어요. 그런데 자기가 자세히 관찰했지만 끝내 이름을 알아내지 못했던 잠자리가 그 방송에 나오는 게 아니겠어요. 내레이터는 자막과 함께 그 잠자리를 '밀잠자리'라고 소개했어요. 가을이면 몸통 색깔이 파랗디파란 색으로 변하는 특징이 있다고 했어요. 어떤 잠자리들은 꼬리를 까닥거리며 수면 안쪽으로 구부리는 행위를 하는데, 알을 낳는 모습이란 설명도 있었고요.

아이는 다큐멘터리를 시청하며 그간 궁금해하던 정보를 알게 되었어요. 그래서 바로 기록장을 꺼내 UFO 잠자리 1로 기록했던 곳에 '밀잠자리'라는 진짜 이름을 적어 넣었답니다. 그리고 꼬리를 까닥거리는 행위가 무엇을 의미하는지도 기록장의 빈 곳에다 썼지요. 아이는 그런 방식으로 관찰 및 기록 활동을 거의 1년 가까이 진행했답니다.

이렇게 생각할 수도 있겠네요. '기록장이 모르는 생물들 이름으로 꽉 찼겠군!' 짐작하겠지만, 1년이 지나자 그 아이는 전 세계에서 습지를 가장 잘 아는 사람이 되었어요. 습지에 사는 다양한 동물 및 식물 목록을 갖게 되었고, 그 동식물이 서로 어떤 관계를 맺으며 습지에서 살아가는지를 누구보다 잘 알게 되었지요. 말 그대로, 우리 마을 습지생태계에 대해서는 가장 깊이 이해하고 공감하는 최고의 권위자가 된 거예요.

그 후로 몇 년이 흘렀습니다. 마을에 개발 소식이 들려왔어요. 이동 편의와 마을 경제 활성화를 위해, 도로를 확장·포장한다는 계획이 발표되었지요. 공교롭게도 도로를 확장하려면 습지를 메워야만 했어요. 마을 여론은 분분했습니다. 다수는 마을 발전을 위해 도로를 확장해야 한다는 것이었고, 소수는 그래도 아름다운 습지를 파괴하면 안 된다는 의견이었지요.

습지 보전을 외치는 사람들의 논리는 조금은 감성적이었어요. 자연을 파괴하면 결국 사람이 영향을 받는다는 식이었거든요. 습지는 생명의 보고이고 생물다양성이 높은 곳이므로 보전해야 한다는 것이었지요. 반면 개발을 원하는 쪽은 경제 논리를 내밀었는데, 보다 구체적이고 실제적이었어요. 일반적으로, 자본주의 사회에서는 보전 논리가 개발 논리를 넘어서기가 어렵답니다.

습지 보전을 요구하는 마을 사람들은 쓸쓸한 마음을 달래려 호프집에 모여 맥주 한잔하며 이런저런 이야기를 나누었습니다. 그러다가 몇 년 전 한 꼬마 아이가 습지를 1년 동안 관찰하며 기록했다는 이야기를 듣게 되었지요. 사람들은 혹시나 하는 마음으로 수소문하여 그 아이의 기록장을 입수했어요. 그리고 꼼꼼하게 기록한 내용을 정리하고 분석했지요.

놀랍게도, 그 기록장을 통해 습지가 얼마나 생물다양성이 높은지 알게 되었어요. 의외로 많은 희귀 생물들이 습지를 보금자리 삼아 살고 있다는 사실을 확인하게 되었고요. 사람들은 기록장의 구체적이고 정량적인 자료를 바탕으로, 습지 보전의 필요성을 행정기관과 마을 사람들에게 알리며 습지 보호 운동을 전개했어요. 결국 도로 확장 공사가 진행되긴 했으나, 습지를 지나가는 지점에서 노선을 일부 우회하는 방식으로 습지를 보호하게 되었다고 합니다.

습지를 지켜낸 것은 자세한 기록을 담은 한 아이의 관찰 기록장이었어요. 그야말로 관찰 기록의 힘이라고 할 만하지요. 우리도 관찰 기록을 통해 지역의 자연환경 전문가가 될 수 있습니다. 자연환경 전문가가 되면 자연을 깊이 이해하게 되지요. 그리고 자연을 어떻게 사랑해야 하는지를 정확하게 알게 됩니다.

실천 2. 시민 과학자 되어 보기

시민 과학은 일반적으로 시민이 과학 연구 활동에 자발적으로 참여하여, 전문 과학자와 협업을 통해 광범위한 자료를 수집하며 과학 연구에 이바지하는 활동입니다. 특히 환경생태 분야의 시민 과학은 환경에 대한 시민들의 관심과 참여를 유도할 수 있는 중요한 수단이에요. 특정 장소의 생태계를 이해하고 생물 탐사에 희열과 보람을 느껴, 환경 보전 의식 향상 및 행동 변화를 유도할 수 있지요. 시민 과학 활동을 통해 환경문제를 해결하고 정책 및 제도 개선을 요구하는 등 사회·정치적 파급효과를 만들 수 있습니다.

시민 과학은 자연을 지키는 힘이에요. 생태 위기에 맞서 시민운동을 조직하는 효과적인 방법이 될 수 있기 때문이지요. 시민 과학을 통해 환경문제 해결을 위한 자료적인 근거를 마련하고, 시민의식의 향상과 주체성을 추구하며, 변화와 대안을 모색할 수 있습니다.

오늘날 과학자들은 생물다양성이 위기에 놓여 있다고 말합니다.

하지만 동식물의 종별 수가 실제로 얼마나 줄어들고 있는지 확인하기란 결코 쉽지 않아요. 실제로 자연 현장을 일일이 찾아다니며 데이터를 모두 모으는 일을 맡을 사람이 턱없이 부족하기 때문이지요. 따라서 시민들의 도움이 꼭 필요하답니다.

최근에는 다양한 스마트폰 애플리케이션으로, 누구나 주변에서 서식하는 생물들을 조사하고 기록할 수 있어요. 달팽이, 나비, 새 등을 조사하려면 어떻게 탐구 활동을 해야 할까요? 가령 나비나 벌처럼 식물의 꿀을 빠는 곤충들이라면 연속 촬영을 하고, 정원에 날아드는 새들이라면 어떤 종인지 확인하고 기록해야 할 거예요. 또 달팽이 마릿수를 세거나, 해변에 밀려 들어온 해조류를 관찰할 수도 있겠지요. 이렇게 한 사람, 한 사람이 모은 소중한 정보들은 자연을 연구하는 과학자들에게 보내진답니다.

실천 3. 관찰과 기록 습관 만들기

자연에 관심이 많은 사람들은 수시로 산책하며 주변에 사는 동식물을 찾아보곤 합니다. 관찰한 내용을 남기는 방식도 저마다 제각각이지요. 산책하다 마주친 다양한 자연의 보물들, 이를테면 새의 깃털이나 조개껍데기, 여러 씨앗 등을 모아 장식장에 진열하기도 하고요. 또 땅에 떨어진 꽃이나 풀잎을 주워 두었다가 공책에 붙여 '식물도감'을 만들기도 해요. 산책하러 갈 때 작은 수첩과 색연필 몇 자루만 챙기면, 자연에서 포착한 순간의 모습들을 스케치로 담을 수도 있답니다. 흔들리는 꽃잎, 나무의 모양새, 새가 날아가는 장면 등을 재빨리 그려 두는 거예요.

자연은 우리에게 놀라울 만큼 다채로운 소리를 들려줍니다. 주변의 조건만 잘 갖추어진다면, 잠시 귀를 기울이기만 해도 들려올 거예요. 나뭇가지를 스치는 바람 소리, 새들의 노랫소리, 곤충의 날갯짓 소리를 들을 수 있지요. 자연의 풍경을 담은 그러한 소리들은 계절에 따라 바뀌며, 새로운 화음을 빚어내곤 합니다.

과학자들은 자연에서 들려오는 소리를 적극적으로 수집하고 분석해요. 그리고 해당 지역의 생물다양성을 살피고 관리하는 데 활용하지요. 이때, 자연의 소리를 기록하고 분류하여 특정 시기의 자료와 비교 분석하는 '생물음향학'이 쓰인답니다.

관찰과 기록의 핵심은 자세하게 관찰하고 자세하게 기록하는 것입니다. 우선 자세하게 관찰하는 것은 무엇을 의미할까요?

첫째, 오감을 충분히 활용하는 것을 의미합니다. 우리는 보통 시각을 중심으로 사물을 관찰하는 특성이 있는데, 그러면 생명이 지닌 수많은 비밀 중에 일부만을 알게 되지요. 이제는 눈뿐만 아니라 코(후각), 귀(청각), 입(미각), 손과 발(촉각)로도 관찰하는 습관을 들여 보면 좋겠어요.

둘째, 도구를 적극적으로 사용하는 것입니다. 인간의 감각은 한계가 있습니다. 한계 너머의 대상과 현상은 관찰하기 힘들지요. 그런데 그런 한계를 뛰어넘게 돕는 도구와 장비가 많이 있어요. 그런 도구를 적극적으로 활용하면, 좀 더 자세하게 생명을 관찰할 수 있답니다.

가령 쌍안경과 망원경은 관찰하기 힘든 새들을 멀찌감치 떨어져 세세하게 볼 수 있도록 도움을 주지요. 우리나라 들꽃에는 아주 작은 것들이 많아요. 맨눈으로 보면 별것 아닌 듯하지만, 루페(돋보기)

로 들여다보면 꽃마다 전혀 다른 색감과 구조, 모양을 지닌다는 사실에 새삼 놀라게 되지요. 소리를 증폭하고 모으고 기록하는 장비의 도움을 받는다면, 소리와 관련한 생명의 비밀을 자세히 들여다보는 데 큰 도움이 되지 않을까요?

셋째, 다양한 각도와 거리에서 바라보는 것입니다. 생명을 아주 가까이서 바라볼 때와 멀찍이 떨어져서 바라볼 때, 우리가 얻을 수 있는 생명의 정보는 전혀 다를 수 있습니다. 마찬가지로 앞에서 뒤에서 옆에서 위에서 아래에서 관찰할 때, 대상이 주는 정보는 달라질 수 있지요. 생명에 대해 좀 더 자세히 알고 싶다면, 다양한 거리와 각도에서 관찰하고 기록하는 습관을 들이면 좋겠어요.

소나무는 암구화수(암꽃)와 수구화수(수꽃)가 한 나무에 달리는 특성이 있어요. 수구화수는 꽃가루 때문에 많이들 알고 있는데, 암구화수를 아는 사람은 상대적으로 적어요. 왜일까요? 가까이 다가가 관찰해 본 적이 없기 때문일 거예요. 아주 작은 방울 모양으로 피다 보니, 가까이 가서 바라보지 않는 이상 그 존재를 눈치채기가 어렵거든요.

넷째, 자세하게 관찰하는 것은 끊임없이 질문한다는 의미를 내포합니다. 생명과 대화하기라고 불러도 좋겠네요. 예를 들면 "때죽나무야, 넌 하필 빨간색도 노란색도 아닌 하얀색의 꽃을 피우니? 때죽나무야, 너는 다른 나무들과 달리 왜 땅바닥을 향해 꽃을 피우니?"

등과 같은 질문이지요. 때죽나무가 대답해 줄 리는 없지만, 이런 질문을 통해 자연스럽게 대상을 좀 더 자세히 들여다보게 되는 것 같아요.

다음으로, 자세하게 기록한다는 것은 무엇을 의미할까요? 어떻게 하는 걸까요? 어려울 게 뭐 있나요? 자세하게 관찰한 내용을 그대로 기록장에 옮기면 되는 거지요. 이때 관찰한 내용을 기록장에 담을지 말지 판단할 필요는 없어요. 내가 관찰한 내용이 당시에는 하찮게 보여도, 나중에는 소중한 정보가 될 수 있답니다. 그러니 가치판단을 하지 말고, 그대로 옮겨 적으면 좋겠어요.

이때 문자로만 기록하지 않고 이미지 형태의 정보를 함께 담으면, 더욱 자세한 기록이 될 수 있어요. 이미지 정보는 사진과 그림 형태로 담을 수 있지요. 요즘은 스마트폰을 사용하여 고화질의 사진과 동영상 촬영이 가능하니 잘 활용하면 좋겠네요. 폴라로이드 카메라를 사용하여, 현장에서 이미지 정보를 출력한 다음 기록장에 붙여도 되고요.

찍은 사진을 기록장과 통일하여 관리하고, 적정한 사진을 선별하고 출력해서 기록장에 붙이는 작업이 귀찮다면, 기록장에 그림을 직접 그리는 방법도 있어요. 대상의 주요 특성을 잽싸게 파악하여 빠르게 그리는 방법, 조금 더 시간을 들여 세밀하게 그리는 방법 등이 있지요. 상황과 조건에 맞는 방법을 선택하면 될 것 같아요.

자세하게 기록할 때, 빼놓으면 안 되는 매우 중요한 정보가 있습니다. 바로 위치 정보예요. 관찰하는 대상을 어디에서 보았는지 기록으로 남기면, 먼 훗날 주요한 정보로 활용할 수 있어요. 위치 정보를 문자형태로 기록장에 기입할 수도 있겠지요. 하지만 지도를 이용하여 표시해 놓으면, 나중에 정보를 식별하고 활용하기가 더욱 편하답니다. 요즘은 온라인에서 관련 지도를 쉽게 구해서 사용할 수 있으니, 위치 정보를 기록하는 일이 그다지 어렵지 않을 거예요.

관찰과 기록은 자연과 생명을 이해하는 데 큰 도움이 되는 활동입니다. 나아가 자연과 관계를 맺는 훌륭한 방법이며, 생태 감수성을 키우는 효과적인 수단이기도 해요. 그러니 관찰하고 기록하는 습관을 함께 만들어 가면 좋겠어요.

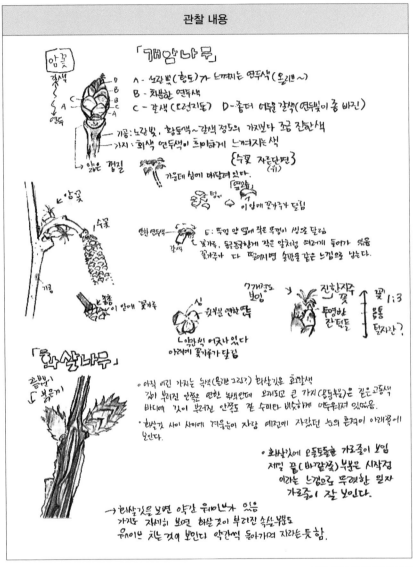

관찰 기록 사례(제공: 한혜선)

실천 4. 생물이 찾아오는 마을, 생물과 공생하는 마을 만들기

제비가 찾아오는 마을 만들기

제비라는 새를 알고는 있지요? 직접 본 적은 있나요? 제비는 몸길이가 대략 18cm 정도 되는, 크지 않은 새랍니다. 몸 윗면은 광택이 있는 어두운 청색이고, 이마와 멱은 적갈색을 띠고 있어요. 멱 아래에는 검은색 띠가 있고, 배는 흰색이거나 엷은 주황색을 띤 흰색입니다. 꽁지깃이 길게 V 자 모양으로 발달해 있어서, 다른 새들과 쉽게 구분할 수 있어요.

제비는 인가 근처에서 흔히 생활하며 주로 곤충류를 잡아먹습니다. 대부분의 시간을 날아다니면서 보내지요. 꼬리가 깊게 갈라진 모양을 하고 있어서, 날아다닐 때도 쉽게 알아볼 수 있어요. 공중에서 먹이를 잡아먹으며, 다리는 작고 약해서 땅에는 잘 내려오지 않아요.

제빗과에는 전 세계적으로 88종이 있고, 우리나라에서는 6종을 볼 수 있다고 해요. 제비, 귀제비, 갈색제비, 흰털발제비, 바위산제비,

흰턱제비가 그들이지요. 하지만 제비와 귀제비를 제외하고는 우리나라에서 번식하지 않아, 관찰하기가 쉽지 않답니다. 달리 말하면, 제비와 귀제비가 우리 주변에서 쉽게 관찰할 수 있는 제비 종류라고 할 수 있겠네요.

제비와 귀제비는 생긴 모습에서도 차이가 있습니다. 제비는 꼬리에 흰 점이 있고 배에는 세로줄 무늬가 없는 반면, 귀제비는 허리가 황갈색이고 몸 아랫면에 세로줄 무늬가 있어요. 그런 차이로 둘을 구분할 수 있지요. 하지만 지상에서 제비류의 모습을 관찰하기란 여간 어려운 일이 아니에요. '물 찬 제비'라는 별명이 있듯이 워낙 빠른 속도로 잽싸게 공중을 날아다니기 때문에, 맨눈으로 둘을 구분하기가 쉽지 않지요.

하지만 걱정하지 말아요. 제비와 귀제비를 구분하는 결정적인 차이가 있으니, 바로 둥지 모양이 완전히 다르다는 점입니다. 제비의 둥지가 접시형으로 생긴 것에 반해, 귀제비의 둥지는 호리병 형태예요. 그래서 새에 대해 아는 것이 별로 없는 초보자라도 단박에 구분할 수 있어요.

제비는 여름 철새로 우리나라를 비롯해 동아시아 일대에서 번식합니다. 그리고 중국의 장강 이남 지역의 강남을 거쳐서, 동남아시아 일대에서 겨울을 보낸 후 다시 돌아오지요. 그래서 "강남 갔던 제비가 다시 돌아왔네"라며 제비를 반갑게 맞이하는 문화가 있었어요.

1970~1980년대만 해도, 서울 도심의 골목길을 재빠르게 날아다니는 제비를 쉽게 관찰할 수 있었습니다. 그러나 지금은 도시에서 제비를 관찰하기란 하늘의 별 따기보다 어려워요. 제비를 직접 보고 싶다면 강화도, 경남 밀양, 강원도, 제주도 같은 지방의 논밭이 넓게 펼쳐진 마을과 시장 골목 등을 찾아가 보면 좋겠어요. 제비의 전체 개체수가 빠르게 줄고 있다는 연구 결과도 있어서, 지금과 같은 방식으로 도시화와 개발 압력이 높아지면 희귀종이 될지도 몰라요.

제비의 습성 중 가장 특이한 점은 사람을 무서워하지 않는다는 거예요. 사람은 최상위 포식자 중 하나이기 때문에 대부분의 동물은 사람을 피하기 마련이지요. 그런데 제비는 오히려 적극적으로 사람을 이용하여, 아예 사람이 사는 집 처마에 둥지를 지어요. 사람이 살지 않은 폐가에는 둥지를 틀지 않지요. 제비가 그런 습성을 지닌 데는 나름대로 이유가 있을 거예요.

사람이 사는 집에 진흙으로 둥지를 만들면 어떤 이점이 있을까요? 구렁이, 누룩뱀, 황조롱이, 참매, 고양이 등 제비를 공격하는 포식자들을 더 강력한 포식자인 사람이 쫓아내는 효과가 있겠지요. 이것이 가장 큰 이점이지 않을까요? 하지만 사람이 제비의 포식자 역할을 한다면 그런 이점은 아무 소용이 없을 거예요. 그렇다면 인간은 왜 제비를 쫓아내지 않을까요? 아마 사람에게도 제비가 이로운 역할을 하기 때문일 거예요. 그래서 사람들은 제비를 내쫓지 않고,

집 안에 들이게 된 것이겠지요.

농경사회에서는 제비의 역할이 의외로 컸답니다. 제비는 곤충을 잡아먹는 식충성(食蟲性) 조류입니다. 제비가 먹이로 삼는 곤충에는 사람들이 해충이라 부르는 곤충이 많았지요. 제비는 주로 날곤충을 잡아먹기 때문에, 비행 능력과 사냥하는 실력이 대단하답니다. 여름철에 웅덩이나 논 주변에 모기떼가 있으면, 이리저리 헤집고 다니면서 먹이를 잡아먹지요.

그처럼 제비는 농작물을 해치는 다양한 곤충류를 잡아먹음으로써, 농부들의 식량 생산에 이바지합니다. 그러니 농부들에게는 참으로 이로운 새인 셈이지요. 그래서 인간과 제비는 상호 이익을 도모하는 공존이 가능했을 것이고, 이것이 오랜 문화로 안착했을 겁니다. 이를 옛사람들은 '복'으로 표현했습니다. 제비가 둥지를 틀면 그 집에는 복이 들어온다는 속설이 있었지요. 「흥부전」에서도 그런 인식을 엿볼 수 있습니다.

하지만 현대에 들어오면서 그런 공생의 관계가 깨어지고 있어 안타까워요. 급격한 도시화와 경제 발전으로 논과 밭이 없어지고 농경문화가 해체되면서, 제비가 사람에게 주는 이득이 점차 사라지고 있어요. 그러다 보니 제비를 집에 들일 이유 또한 점차 사라지는 것이지요.

제비가 우리 주변에서 사라지는 데는 여러 이유가 있을 거예요.

둥지를 떠날 준비를 하는 도시의 새끼 제비들(출처: 생태보전시민모임)

그중에서도 가장 큰 이유는 서식 환경의 급격한 변화가 아닐까요? 주변의 논과 밭, 개활지, 습지가 빠른 속도로 사라지고 그 자리를 공장과 도로, 아파트가 차지하게 되었어요. 제비가 여름 철새이다 보니 번식지인 우리나라의 토지 이용 변화뿐만 아니라, 월동지인 동남아시아의 급격한 도시화와 개발도 큰 영향을 미치고 있지요. 둥지를 틀기가 쉬웠던 우리나라 전통 가옥이 빠르게 줄어들고, 아파트나 빌라 같은 현대식 건물이 증가하면서 둥지 만들 장소를 찾기가 너무 어려워졌어요.

식량 생산을 극대화하기 위해 농약을 과다하게 사용하는 것도 큰 영향을 미치지요. 농약을 과다하게 사용하는 논과 밭에는 제비들의 먹이가 되는 곤충들이 매우 부족할 수밖에 없어요. 더구나 농약 사용은 제비들에게도 직접적으로 좋지 않은 영향을 미친답니다. 심지어 부화 확률도 감소시키지요. 화학 농약은 살아 있는 모든 것들에게 크고 작은 피해를 주고 있어요.

사람들이 만들어 낸 유기화학 물질도 제비가 줄어드는 데 한몫하지요. 그런 화학물질에는 생명체의 호르몬과 비슷한 작용을 하는 것들이 있거든요. 환경호르몬에 노출된 제비의 수컷은 정자 수가 줄어들기 때문에, 제비 개체수가 늘어나는 데 어려움을 겪게 됩니다.

생물들을 대하는 사람들의 인심도 예전과 매우 다르답니다. 제비가 어렵사리 집 지을 장소를 찾아 둥지를 만들어 놓으면, 사람들이 둥지를 뜯어냅니다. 복을 가져다주기는커녕 맨날 똥이나 갈겨 놓아 집을 지저분하게 만든다며 분개하지요. 사람들이 둥지를 내버려 둔다고 해도 문제는 여전합니다. 주변에서 먹이를 찾을 만한 공간이 그리 많지 않거든요. 논과 밭도 없고 습지도 없는 곳에는, 제비의 먹이가 될 만한 곤충이 거의 없답니다.

농경사회에서는 그처럼 특별한 존재였던 제비가 도시화된 지역에서는 귀찮은 존재가 되어 버렸네요. 그런데 조금만 달리 생각해 보자고요. 제비가 살 수 없는 환경에 인간이라고 건강하게 살 수 있을까요? 제비가 사라진 세상. 그곳은 조만간 인간마저 사라져 버린 세상이 될지도 몰라요.

그러니 우리 모두 제비가 찾아오는 마을을 만들면 어떨까요? 그러려면 우선 제비가 살 수 없는 환경에서는 사람도 살 수 없다는 사실을 널리 알려야 해요. 제비가 살 수 있어야 사람도 살 수 있다는 이야기를 다양한 방식으로 주변 사람들에게 전달해 보세요.

제비를 직접 찾아보는 활동도 중요합니다. 우리 마을에 제비가 살고 있는지, 그렇다면 어디에서 살고 있는지를 조사해 보는 것이지요. 이런 활동만으로도 많은 변화를 만들어 낼 수 있어요. 그리고 제비뿐만이 아니라 다종다양한 새들이 함께 찾아오는 마을을 만든다면 더욱 좋겠어요.

개구리가 찾아오는 마을 만들기

개구리를 모르는 사람은 없을 거예요. 그런데 개구리 종류가 지구 상에서 가장 빠르게 사라지는, 그래서 멸종 가능성이 높은 분류군의 하나라는 사실을 알고 있나요? 종의 대략 30%가 멸종 위협을 받고 있다는 연구 결과도 있습니다.

개구리를 양서류(兩棲類)라고 부르기도 하지요. 양서류란 물과 뭍 양쪽에서 산다는 뜻이에요. 그래서 물뭍동물이라고도 해요. 개구리 종류의 중요한 특징 가운데 하나지요. 양서류는 어릴 때 꼬리가 있다가 성체가 되면 사라지는 무미류(無尾類), 어릴 때나 성체일 때 모두 꼬리가 있는 유미류(有尾類), 큰 지렁이처럼 생긴 무족영원류(無足蠑螈類)의 세 부류로 나눕니다. 무미류는 편하게 개구리류, 유미류는 도롱뇽류라고 부르기도 하지요. 개구리를 한번 떠올려 보세요. 올챙이 때는 꼬리가 있다가 어른이 되면 꼬리가 사라지잖아요. 반면 도롱뇽은 유생일 때나 성체일 때나 꼬리가 있어요.

그러한 양서류는 변온동물이고, 대부분 피부호흡을 하는 특징이 있습니다. 그런데 그런 특성들이 지금은 약점이 되어 버렸어요. 변온동물이란 체온을 스스로 유지하지 못해서 외부 온도에 따라 변하는 동물을 말하는데요. 그런 동물들은 추운 계절이 오면 겨울잠을 자요. 그러다가 따뜻한 봄이 오면 다시 활동을 시작하지요. 그런데 기후위기로 기상이변이 잦아졌어요. 따뜻했다가 갑자기 추워지기도 하고, 추웠다가 갑자기 더워지기도 하지요. 추운 날씨가 급격하게 더 추운 날씨로 변하기도 하고요.

보통 겨울잠에서 깨어난 개구리는 짝짓기를 한 후 바로 산란을 시작합니다. 그런데 개구리가 산란한 후에 갑자기 날씨가 추워지면 어떻게 될까요? 특히나 산란 후에는 모든 에너지를 소비한 상태라, 개구리는 외부 환경 변화에 더욱 민감해집니다. 그런 급격한 변화를 몇 차례 겪게 되면, 다 큰 개구리조차 견디지 못하고 죽을 수 있어요. 개구리알도 마찬가지예요. 알이 추위에 얼면 부화율이 떨어진다고 해요. 그런 상황이 계속해서 반복되면, 개구리 개체수가 상당히 줄어들고 말겠지요. 가뭄도 개구리에게는 고통스러운 일입니다. 가뭄이 길어지면 개구리가 산란할 만한 장소가 확 줄어들기 때문이에요. 그 또한 개구리에게 큰 타격을 줄 수 있어요.

피부호흡이라는 특징도 지금은 개구리의 약점이 되어 버렸습니다. 피부호흡을 한다는 것은 폐를 거치지 않고 피부로 직접 대기와 상호 작용한다는 뜻이에요. 그런데 환경오염이 심하면 어떻게 되겠어요? 당연히 나쁜 영향을 받을 수밖에 없을 거예요.

마지막으로, 물과 뭍 모두를 오가는 생활 방식 또한 개구리에게 고통을 배가하는 약점이 될 수 있습니다. 한곳에서만 사는 동물과 달리, 물뭍동물인 개구리는 물 환경과 뭍 환경 모두가 건강해야만 행복하게 살아갈 수 있기 때문이지요.

개구리가 사라지는 이유로 하나 더 추가할 게 있는데요, 바로 인간의 무분별한 남획이에요. 식량이 부족하고 개구리가 지금보다 많이 살던 옛날에는 배고픔을 달래기 위해 개구리를 잡아먹기도 했어요. 그런데 요즘은 어떤가요? 먹을거리가 넘쳐나고 요리되기도 전에 버려지는 음식물쓰레기가 엄청나지요. 그런데도 개구리를 보양식으로 잡아먹는 사람들이 있어요. 때로는 독이 있는 개구리를 잘못 잡아먹는 바람에 병원에 실려 가는 사람들의 이야기가 신문 지상에 오르내리기도 하지요.

어느 유명한 축구선수의 이야기도 있답니다. 집안이 가난하다 보니 축구하는 아들에게 먹일 만한 게 변변치 않았다고 해요. 그래서 아버지가 개구리를 잡아다 아들에게 보양식으로 먹였다지요. 결국 그 아들은 세계적인 축구선수가 되었고요. 그런데 그 이야기를 접한 수많은 사람들이 자식에게 먹이겠다며 갑자기 개구리를 구하려고 수소문하기 시작했어요. 물량이 달린 공급업자들은 숲 계곡과 인근 습지에 살던 개구리를 마구 잡아들였대요. 그 이야기를 접하고는 '셀럽'의 의식 있는 행동과 선한 영향력이 필요한 시대라는 것을 실감했지요.

어쩌면 개구리는 건강한 환경을 나타내는 지표 생물일지 몰라요. 제비가 그랬던 것처럼, 개구리가 살 수 없는 세상에서는 사람도 살 수 없을 거예요. 그렇다면 개구리가 찾아오는 마을 만들기, 개구리와 함께 사는 마을 만들기는 어떻게 가능할까요? 우리가 할 수 있는 일이 없을까요?

제비를 이야기할 때와 마찬가지로, 개구리가 살 수 없는 세상에서는 사람 또한 건강하게 살 수 없다는 사실을 많은 사람에게 알리는 작업이 필요해요. 다음으로는 어디에 어떤 개구리가 어떻게 살아가고 있는지를 알아야 합니다.

전 세계적으로는 6,000여 종이 넘는 많은 종이 살고 있지만, 우리나라에는 개구리 종류가 그리 많지 않습니다. 큰산개구리, 계곡산개

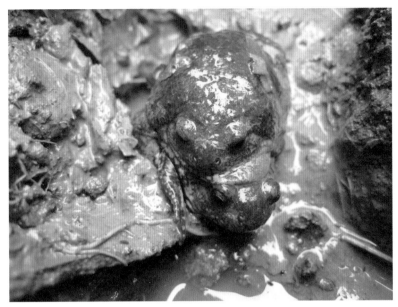

짝짓기하는 맹꽁이

구리, 한국산개구리, 참개구리, 금개구리, 무당개구리, 옴개구리, 두꺼비, 물두꺼비, 청개구리, 수원청개구리, 노랑배청개구리, 맹꽁이 등이 전부예요. 조금만 관심을 가지면 쉽게 개구리의 종류를 구분할 수 있어요.

그중에서 금개구리, 수원청개구리, 맹꽁이 3종은 환경부에서 지정한 멸종위기종이기도 해요. 우리나라 개구리는 반드시 물이 있는 곳에 알을 낳는답니다. 그러니 우리 마을 어느 곳에 습지가 있는지를 확인하고, 습지를 중심으로 자세히 관찰하고 기록하면 개구리 분포

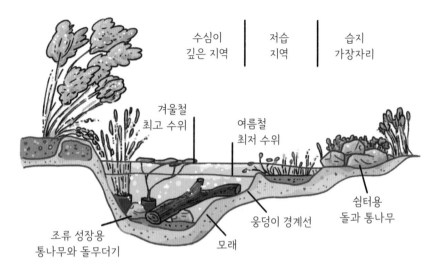

겨울철
최고 수위

여름철
최저 수위

쉼터용
돌과 통나무

조류 성장용
통나무와 돌무더기

모래

웅덩이 경계선

개구리를 위한 웅덩이 모식도

현황을 쉽게 파악할 수 있겠지요.

개구리가 찾아오는 마을을 만들기 위해서는 개구리가 알을 낳고 살아갈 만한 습지를 마련해 주면 좋아요. 습지를 만드는 일은 그렇게 어렵지 않습니다. 물이 고일 수 있도록 최소 30cm 이상의 웅덩이를 만들어 주면 돼요. 가능하다면 웅덩이 주변으로 물풀을 심어 주면 좀 더 빠르게 그럴듯한 습지를 만들 수 있지요.

중요한 건 웅덩이에 고인 물이 너무 빨리 사라지지 않도록 하는 거예요. 그러기 위해서는 웅덩이 바닥에 진흙을 깔고 다져 주면 되는

데, 그 일이 어렵다면 웅덩이 바닥에 비닐을 깔고 그 위에 흙을 덮는 방식도 가능해요.

습지를 다 만들었으면 이제 기다리는 일만 남았네요. 멀지 않은 곳에 살고 있다면, 자연스럽게 개구리가 찾아올 거예요. 만약 주변에 개구리가 살고 있지 않다면, 개구리알을 구해다 풀어 놓는 방법도 생각해 볼 수 있어요. 사전에 전문가에게 자문한다면, 좀 더 현실적인 방안을 마련할 수 있겠지요.

꿀벌이 찾아오는 마을 만들기

꿀벌이 사라지고 있다는 소식이 여기저기서 들려옵니다. 꿀벌이 갑자기 사라지고 벌집이 붕괴하는 기이한 현상이 전 세계 곳곳에서 벌어지고 있지요. 우리나라도 2022년 초, 78억 마리나 가까이 되는 꿀벌이 한꺼번에 사라져 난리가 났었답니다. 78억 마리는 꿀벌 전체의 약 16%나 되는 엄청난 수입니다. 그런 현상이 한 해에만 그치지 않을 것 같아서 많은 사람들이 걱정하고 있어요.

그런데 왜 꿀벌이 집단으로 사라지고 있을까요? 여러 연구가 진행되고 있으나, 아직 뚜렷한 이유는 밝히지 못하고 있어요. 다만 여러 원인들이 한꺼번에 영향을 미치고 있다는 점에는 대부분 동의하고 있지요. 몇 가지 원인을 들여다볼까요?

우선, 꿀벌이 굶주리고 있습니다. 다시 말해서, 꿀벌이 꽃가루와 꿀을 채취할 수 있는 식물이 줄고 있다는 거예요. 이를 밀원식물(蜜源植物)이라고 하는데, 아까시나무가 바로 대표적인 밀원식물이지요. 벌은 식물의 꽃가루와 꿀에서 각각 탄수화물과 단백질을 섭취하여 건강을 유지합니다. 그런데 밀원식물이 계속해서 줄어 버린다면 꿀벌로서는 어려움을 겪을 수밖에 없겠지요.

아까시나무는 국내에서 생산되는 천연 꿀의 70%를 담당합니다. 그런데 그 아까시나무가 급격하게 줄어들고 있어요. 아까시나무의 꽃 피는 시기는 주로 4~5월로 짧은 편이라서, 대부분의 벌은 나머지 기간에 설탕만 먹고 생존해야 해요. 하지만 식물에 있는 탄수화물과 단백질이 설탕에는 없어서, 벌의 건강이 악화하고 있어요. 밀원식물의 수와 종류가 줄어들자, 제대로 된 영양소 공급을 받지 못한 벌의 면역력이 떨어져서 외부의 위협에 더욱 취약해지고 있답니다.

기후위기의 영향도 무시할 수 없습니다. 오늘날 전 세계의 온도가 매우 가파르게 올라가고 있어요. 최근 자료에 의하면, 2030년 이전에 지구의 평균온도 상승이 1.5℃를 넘어설 것으로 보여요. 1.5℃는 파리 기후협약에서 국제적으로 약속한 온도 상승의 마지노선이지요.

우리나라는 전 세계의 평균보다 온도 상승의 폭이 더 커서 문제랍니다. 그렇게 되면 생태계의 각 생물이 온도 변화에 대응하는 정도에 차이가 생기고, 오랫동안 유지되었던 관계망에 교란이 일어나게 되지요. 그런 이유로, 벌이 동면에서 깨어나 꿀을 찾으러 떠나는 시기에 꽃이 더 일찍 피었다 져 버리는 일이 생겨납니다. 평년보다 따뜻한 가을과 겨울이 이어지면, 봄이 온 것으로 착각한 여왕벌이 알을 낳고 아직 피어나지도 않은 꽃을 찾으러 돌아다니는 일도 벌어지지요. 기후위기 때문에, 벌의 활동 기간과 식물의 생장 기간이 어긋나서 생태 엇박자가 일어나는 거예요.

코스모스에 찾아온 꿀벌

꿀벌의 기생충인 응애가 점차 늘어나는 것도 문제입니다. 응애는 벌의 몸을 타고 벌통으로 들어가서, 아기 벌의 몸에 기생하는 벌레입니다. 이 기생충은 벌의 영양분을 흡수하여 벌을 폐사시켜요. 응애는 낭충봉아부패병, 부저병 등 벌의 목숨을 빼앗는 치명적인 바이러스까지 전파하지요. 응애 또한 평균기온이 상승하고 강수량이 줄어들면, 그 밀도가 늘어난다는 연구가 있습니다.

마지막으로 농약의 피해를 빼놓을 수 없겠군요. 농사에 사용하는 다양한 농약이 꿀벌에게 치명적인 영향을 미치고 있습니다. 꿀벌은 직접 농약의 영향을 받아 즉사하기도 해요. 농약이 묻은 꽃가루나 꿀을 먹다가 오염되어 서서히 죽거나, 비행 능력과 기억 능력이 떨어져 벌집으로 돌아가지 못하고 죽는 일이 발생하기도 합니다.

잘 아는 것처럼 꿀벌과 야생벌은 꽃을 비롯한 밀원식물이 중매쟁이 역할을 해요. 벌이 사라진다는 것은 바로 식물이 사라진다는 뜻이에요. 그런데 그런 식물에는 작물도 포함된답니다. UN 식량농업기구(FAO)에 따르면, 세계 100대 작물 가운데 무려 71종이 꿀벌의 수분으로 번식할 수 있다고 하네요. 그래서 "벌이 사라지면 인류도 4년 안에 멸종할 것"이라는 말이 나올 정도예요.

꿀벌을 살리기 위해 우리가 할 수 있는 일은 무엇일까요? 역시 꿀벌이 위험에 처해 있다는 소식을 널리 알려야 하겠지요. 그리고 밀원식물을 곳곳에 심는 활동도 필요합니다. 더 나아가 꿀벌에 영향을 미치는 맹독성 농약을 사용하는 일을 줄이도록 강력하게 요구해야겠어요. 무엇보다 생태계에 큰 영향을 미칠 기후위기에 대응하기 위해, 필요한 모든 일을 해야만 합니다.

실천 5. 나무 심기

현재 전 세계에 심겨 있는 나무가 약 3조 그루라는 연구 결과가 있습니다. 오늘날 인구를 80억이라고 본다면, 일인당 375그루의 나무가 존재하는 셈이네요. 인간에 의해 지구에서 사라지는 나무가 연간 150억 그루이고, 해마다 새로 심거나 싹을 틔우는 나무가 약 50억 그루라고 합니다. 매년 100억 그루의 나무가 세상에서 사라지는 셈이지요. 인류 문명이 시작된 이후로 이미 나무의 수가 46%나 줄어들었다고 하니, 이대로 가다가는 정말 큰일나겠네요.

동요를 흥얼거려 봅니다. "산에 산에 산에는 산에 사는 메아리, 언제나 찾아와서 외쳐 부르면 반가이 대답하는 산에 사는 메아리, 벌거벗은 붉은 산엔 살 수 없어 갔다오. 산에 산에 산에다 나무를 심자, 산에 산에 산에다 옷을 입히자. 메아리가 살게시리 나무를 심자."

해마다 4월이 되면 즐겨 불렀던 '메아리'라는 노래입니다. 이 노래를 부르며 사람들은 식목일을 전후해서 열심히 산에다 나무를 심었답니다. 그 노력의 결과로 1970년대 붉은색이던 우리나라 산림은 녹색으로 탈바꿈했습니다. 30여 년이란 짧은 시간에 기적 같은 일이 벌어진 거예요.

초등학교 다닐 때 기억이 아직도 생생합니다. 미술 시간이었어요. 풍경화를 그리라는 선생님의 말씀에 마을 풍경을 그렸습니다. 그런데 신기한 것은, 모든 아이들의 풍경화가 거의 비슷했다는 거예요. 배경으로 엉덩이같이 생긴 산을 두 개 그리고, 그 사이로 붉은 태양을 그립니다. 마지막으로 산 아래쪽에 초가집 한두 채를 그려 넣고요. 당시 우리가 그렸던 전형적인 풍경화의 모습입니다.

그렇게 밑그림을 그리고 나서는 색칠을 합니다. 하늘은 파란색으로, 해는 붉은색으로, 초가집은 밤색과 갈색으로 칠합니다. 이제 남은 건 조그마한 마을 뒷산이네요. 요즘 아이들 같으면 녹색이나 연두색 크레파스를 이용하겠지요. 하지만 우리는 누구라 할 것 없이 황토색 크레파스를 들어 산의 여백을 모두 채웠습니다.

왜 그랬냐고요? 우리 동네에서 보이는 산들이 대부분 황토색이었거든요. 일제강점기를 지나 6.25 전쟁을 거쳐, 1960~1970년대 땔감이나 목재로 아낌없이 퍼주었던 산들은 말 그대로 앙상한 황토색 천지였습니다. 우리 마을만 그랬던 게 아니에요. 우리나라 마을 인근에 있는 대부분의 산림이 그런 모양이었습니다.

그처럼 황토색 천지였던 숲이 불과 30여 년이란 시간에 푸른 숲으로 변한 겁니다. 대단한 일이지요. 그래서 지금 우리가 도시에서 흔하게 접하는 도시림은 30~40년쯤 된 비슷한 연령의 어린 숲입니다. 그런데 언제부터인가 숲에 대한 우리의 생각이 바뀌고 있는 것 같아요. 전 국토의 65%가 숲이니, 좀 더 개발하고 이용하는 것이 좋지 않겠냐는 생각이 그렇습니다. 너무 많고 일상적이면, 그 존재가 아무리 존귀하더라도 무시하고 괄시하는 게 인간의 본성일까요?

나무라는 존재는 항상 아낌없이 주기만 합니다. 그런데도 우리는 받기만 할 뿐, 한 번도 나무에게 무언가 주려고 하질 않습니다. 오히려 아낌없이 주는 나무에게 남은 생명마저 달라고 요구하지요. 그래서 아무 거리낌 없이 나무를 잘라 내고, 베어 내고, 뽑아냅니다. 우리의 현실입니다.

최근 들어, 숲에서 이상한 일들이 벌어지고 있어요. 그렇게 병해충에 강인하다던 참나무들이 시름시름 앓다가 죽어 가고 있습니다. 우리나라 산림에서 가장 넓은 면적을 차지하던 소나무는 소나무재선충의 공격에 하루가 다르게 줄어들고 있지요. 요즘은 잣나무재선충이 새롭게 나타나 기승을 부리고 있다는 소식까지 들려옵니다.

얼핏 보면, 그런 현상은 우리 인간과는 별로 관계가 없는 듯합니다. 하지만 그렇게 산림이 변화하는 이면에는 일정 부분 지구온난화라고 하는 원인이 자리 잡고 있다고 합니다. 인간에 의한 지구온난화로 기후변화가 심해지고, 빠른 변화에 미처 적응하지 못하는 식물들이 점차 사라지거나 도태되고 있다고 해요.

어쩌면 우리는 1960~1970년대의 헐벗고 메마른 산을 그리워하고 있는지도 모릅니다. 그래서 본능적으로 나무가 생명체라는 사실을 부인하려고 애쓰나 봐요. 만약 자연이 인간의 지속 가능성을 유지하게 하는 토대임을 인정한다면, 나무가 우리 삶을 지탱하는 중요한 자연의 한 요소라는 사실을 알고 있다면 변화가 필요합니다.

변화란 말로 이루어지는 것이 아니라 실천으로 이루어집니다. 변화를 위한 위대한 실천으로 나무 심기를 들고 싶네요. '메아리'라는 동요를 흥얼거리며 동네 뒷산에, 공원에, 아스팔트에 나무를 심는 거예요.

나무를 심을 곳이 없다고요? 아파트 주차장이 너무 넓은 게 아닐까요? 자동차 도로가 너무 넓다고 생각되지는 않나요? 학교 운동장 뒤편이 왜 주차장이어야만 할까요? 동네 뒷산에도 휑뎅그렁하니 나무를 심을 장소가 얼마나 많은지 알고 있나요? 나무를 심을 곳이 없는 게 아니라, 나무를 심어야 한다는 인식 자체가 없는 것이 문제가 아닐까요? 아낌없이 주는 나무에게 우리도 한번 아낌없이 베풀어 보자고요. 즐거운 노래를 부르면서요.

주요 참고도서와 자료

- 강찬수, 『녹조의 번성』, 지오북, 2024
- 김준호, 『어느 생물학자의 눈에 비친 지구온난화』, 서울대학교출판문화원, 2015
- 김태영 · 김진석, 『한국의 나무』, 돌베개, 2018
- 리처드 루브, 『지금 우리는 자연으로 간다』, 목수책방, 2016
- 미셸르 방 키앵, 『자연이 우리를 행복하게 만들 수 있다면』, 프런트페이지, 2023
- 샐리 쿨타드, 『바이오필릭 디자인』, 차밍시티, 2021
- 에드워드 윌슨, 『지구의 절반』, 사이언스북스, 2019
- 제이슨 히켈, 『적을수록 풍요롭다』, 창비, 2021
- 조안 엘리자베스 록, 『세상에 나쁜 벌레는 없다』, 민들레, 2004
- 지구법학회, 『지구법학』, 문학과지성사, 2023
- 프라우케 피셔 · 힐케 오버한스베르크, 『모기가 우리한테 해 준 게 뭔데?』, 북트리거, 2022
- 후지이 가즈미치, 『흙의 시간』, 눌와, 2017
- 국토교통부, 한국국토정보공사 2021년 도시계획현황, 2022
- 그린피스, 플라스틱 대한민국 2.0 보고서, 2023
- 서울환경연합, 서울환경연합 2023 시민과학 리포트, 2024
- 세계자연기금 · 호주뉴캐슬대학교, 플라스틱의 섭취 평가 연구 보고서, 2019
- 환경부, 제1차 자원순환기본계획(2018~2027), 2018
- 환경부, 전국 폐기물 발생 및 처리 현황(2020), 2021
- 곽노필, 「한겨레신문」(인터넷판), '문명이란 이름의 인공물 30조톤, 지구가 끙끙', 2017.4.10
- 국제 생태발자국 네트워크 http://www.footprintnetwork.org
- 세계 개구리 보호의 날 http://savethefrogs.com
- 스톡홀름 회복센터 http://www.stockholmresilience.org
- 지구 생태 용량 초과의 날 http://overshoot.footprintnetwork.org

Our Mission — 우리는 새로운 지식을 창출, 전파하여 전 인류가 이를 공유케 함으로써 인류 문화의 발전과 행복에 이바지한다.

— 우리는 끊임없이 학습하는 조직으로서 자신과 조직의 발전을 위해 쉼 없이 노력하며, 궁극적으로는 세계적 콘텐츠 그룹을 지향한다.

— 우리는 정신적·물질적으로 최고 수준의 복지를 실현하기 위해 노력하 며, 명실공히 초일류 사원들의 집합체로서 부끄럼 없이 행동한다.

Our Vision 한언은 콘텐츠 기업의 선도적 성공 모델이 된다.

저희 한언인들은 위와 같은 사명을 항상 가슴속에 간직하고 좋은 책을 만들기 위해 최선을 다하고 있습니다. 독자 여러분의 아낌없는 충고와 격려를 부탁드립니다.

• 한언 가족 •

HanEon's Mission statement

Our Mission — We create and broadcast new knowledge for the advancement and happiness of the whole human race.

— We do our best to improve ourselves and the organization, with the ultimate goal of striving to be the best content group in the world.

— We try to realize the highest quality of welfare system in both mental and physical ways and we behave in a manner that reflects our mission as proud members of HanEon Community.

Our Vision HanEon will be the leading Success Model of the content group.